U0161467

结构工程显式动力学
分析理论与方法

余志祥　齐　欣　赵仕兴
赵　雷　许　浒 　编著

科学出版社
北　京

内容简介

本书主要介绍了结构工程显式计算动力学分析的基本理论、计算方法和结构工程领域代表性工程应用。全书结合 LS-DYNA 软件,给出了多个典型案例的求解过程,包括工程结构的地震倒塌数值模拟,冲击与爆破数值模拟,流固耦合数值模拟等。本书给出了解决结构工程领域实际问题的思路与方法,计算步骤简明扼要,可操作性强,所有算例均附有命令流 K 文件。

本书可供读者学习显式动力学计算理论,以及掌握 LS-DYNA 软件结构分析的方法和技巧。本书可作为高等院校相关专业的本科生、研究生及教师学习显式计算动力学的教材,也可供从事结构工程领域相关研究人员参考阅读。

图书在版编目(CIP)数据

结构工程显式动力学分析理论与方法 / 余志祥等编著. —北京:科学出版社, 2023.6
ISBN 978-7-03-075662-6

Ⅰ.①结… Ⅱ.①余… Ⅲ.①结构工程-工程力学-动力学-研究 Ⅳ.①TB12

中国国家版本馆 CIP 数据核字 (2023) 第 100822 号

责任编辑:朱小刚 / 责任校对:彭 映
责任印制:罗 科 / 封面设计:陈 敬

科学出版社 出版
北京东黄城根北街 16 号
邮政编码:100717
http://www.sciencep.com

四川煤田地质制图印务有限责任公司 印刷
科学出版社发行 各地新华书店经销

*

2023 年 6 月第 一 版 开本:B5 (720×1000)
2023 年 6 月第一次印刷 印张:12
字数:240 000

定价:88.00 元
(如有印装质量问题,我社负责调换)

前　　言

近年来，大型复杂公共建设项目的兴起，对结构工程师计算分析能力的要求日益提高。各种动力作用对结构系统的不利影响是结构全生命周期不可忽略的重点和难点。结构的动力分析是指通过计算手段分析结构在动力荷载作用下的响应，以确定结构的承载能力和动力特性，为改善结构性能、合理进行设计提供依据。结构动力分析不仅要考虑动力荷载和响应随时间的变化，而且还要考虑结构因振动而产生的惯性力和阻尼力。

显式计算方法诞生于 1964 年，在过去的数十余年间，显式计算方法已经成功应用于各类非线性瞬态动力学问题的分析中，这类问题具有高度的非线性特征，包含大变形、大转角、非线性材料、接触和冲击等，显式计算方法为该类分析与计算提供了较为令人满意的解决方法，在制造业和科研领域得到广泛应用。

本书介绍显式计算的基本理论、基本方法，并对 LS-DYNA 软件进行详细介绍；给出 LS-DYNA 显式计算在结构工程领域的多个典型工程应用，主要包括工程结构的地震倒塌数值模拟，冲击与爆破数值模拟，流固耦合数值模拟等，并给出所有算例命令流 K 文件。

本书作者长期结合研究工作开展结构工程显式动力分析，具有丰富的经验、娴熟的技巧和扎实的理论功底。本书既是结构工程显式分析的应用学习教程，也可作为广大结构工程专业的理论学习参考书。希望本书能对提高工程师、研究生解决结构工程专业复杂动力问题的数值分析能力起到助推作用。本书力求反映当前显式动力方法在结构工程中的实际应用，书中难免有不足之处，恳请专家和读者批评指正。

参与本书撰写和整理的还有博士研究生张丽君、骆丽茹和金云涛，以及硕士研究生尹陈燕、郝超然、欧盈、尧禹、秦劲舟、邹定富、杨啸宇、黄德泓、张鑫、骆泓锦，在此，对他们的辛勤劳动表示衷心的感谢。

本书得到了西南交通大学第二轮研究生教材(专著)建设项目的资助，在此也表示诚挚的谢意。

目　　录

第1章 绪 论

1.1 结构动力学

结构动力学是力学的一个重要组成部分，主要关注结构对各类动荷载的实时响应，如动态应力、应变、位移、运动等。通过结构动力学分析，可以确定结构在动荷载作用下的变形、运动特性及承载能力等。结构动力学与静力学相比，其最大的区别在于动力学要考虑结构惯性力及环境对动态结构所产生的阻尼力。结构承受周期荷载、冲击荷载、随机荷载等动力荷载作用时，结构的平衡方程中必须考虑惯性力的作用，有时还要考虑阻尼力的作用，且平衡方程是瞬时的，荷载、内力、位移等均是时间的函数。结构动力学也不同于刚体动力学，刚体理论不考虑结构变形，只需分析结构惯性力和环境阻尼，而结构动力学还需要同时考虑结构因变形而产生的弹性力。

结构分析是指用工程力学方法对结构进行计算与分析，以检验结构是否满足规范规定的强度、刚度、稳定性等。结构分析方法与科学技术发展水平有着密切的关系，特别是随着科学计算技术的发展而不断地更新。在计算机技术尚未成熟之前，人们多以手算为主，将精力集中在如何构造一些巧妙的分析求解方法，既能解决问题，又不过于复杂，从而衍生了很多适用于不同情况的、有特色的求解技巧和方法。这些方法反映了结构分析中丰富的学术思想，但也反映了受到计算手段的限制，结构分析缺乏统一的、通用的分析计算方法。计算机数值仿真技术逐步成熟之后，计算手段的限制得到了解放，矩阵代数的方法有了用武之地，人们的注意力开始转向功能强大、分析精度更高、与实际计算更为贴切的计算方法。

随着 21 世纪的到来，中国经济建设进入了一个快速发展的阶段，工程结构趋向"高、柔、大、复"方向发展，如超高层大楼、高耸电视塔、大跨度桥梁和大跨度空间结构体育馆等各类新型复杂结构越来越多地出现。近年来，中国已建成或在建的高度超过 300m 和跨度超过 100m 的建筑越来越多，各种形式的空间结构向着超高和超大跨度结构发展，如上海环球金融中心、广州新电视塔、苏通大桥、杭州湾跨海大桥、国家"鸟巢"体育场等，这些大型建筑结构工程大多都属于标志性工程，投资巨大，社会影响深远。因此，该类建筑需要开展关键核心技术攻关、先进技术创新，如地震倒塌分析、上部结构与地基的动力耦合作用、结构非线性分析、温度应力对结构的影响、坡面地质灾害对结构的影响等。同时，随着材料科学的进展，产生了一类轻质高强材料，用这种材料建造的建筑结构有一个显著特点，即结构体系变得很柔软。这类结构的强度抵抗外来荷载的安全与刚度问题，受到工程界广泛关注。因此，可以基于显式计算方法解决复杂结构工程，尤其是超高层结构和超大跨度结构在受到地震、冲击、爆破等灾害性外力作用下的受控响应问题。这对复杂结构工程的理论分析计算和设计建造都具有重要的理论与现实意义。对复杂结构的分析与计算，应用计算机就能快速高效地获得计算结果，从而进入计算机辅助结构设计、结构优化设计与结构控制等科学技术领域，从而推动结构力学、固体力学等基本理论的发展。

1.2   计算机辅助工程

计算机辅助工程(computer aided engineering，CAE)是指工程设计中的计算机辅助工程，指用计算机辅助求解分析复杂工程和产品的结构力学性能，以及优化结构性能等，把工程的各个环节有机地组织起来，其关键就是将有关的信息集成，使其产生并存在于工程的整个生命周期。而 CAE 软件可进行静态结构分析和动态分析，可研究线性、非线性问题，也可分析结构(固体)、流体等。

从广义上说，计算机辅助工程包括很多，从字面上讲，它可以包括工程和制造业信息化的所有方面，但是传统的 CAE 主要指用计算机对工程和产品进行性能与安全可靠性分析，对其未来的工作状态和运行行为进行模拟，尽早发现设计当中存在的缺陷，并验证工程的可用性和可靠性。

CAE 软件可以分为两类：针对特定类型的工程或产品所开发的用于产品性能分析、预测和优化的软件，称为专用 CAE 软件；可以对多种类型的工程和产品的物理、力学性能进行分析、模拟及预测、评价和优化，以实现产品技术创新的软件，称为通用 CAE 软件。CAE 软件的主体则是有限元分析(finite element analysis，FEA)软件。

有限元方法的基本思想是将结构离散化，用有限个容易分析的单元来表示复杂的对象，单元之间通过有限个节点相互连接，然后根据变形协调条件综合求解。由于单元的数目是有限的，节点的数目也是有限的，所以称为有限元法。这种方法灵活性很大，只要改变单元的数目，就可以使解的精度改变，得到与真实情况无限接近的解。

基于有限元方法的 CAE 系统，其核心思想是结构的离散化。根据经验，CAE 各阶段所用的时间为：40%~45%用于模型的建立和数据输入，50%~55%用于分析结果的判读和评定，而真正的分析计算时间只占 5%左右。

采用计算机辅助设计(computer aided design，CAD)技术来建立 CAE 的几何模型和物理模型，完成分析数据的输入，通常称此过程为 CAE 的前处理。同样，CAE 的结果也需要用 CAD 技术生成形象的图形输出，如生成位移图、应力、温度、压力分布的等值线图，表示应力、温度、压力分布的彩色明暗图，称这一过程为 CAE 的后处理。

1.3　显式动力学发展历程

在求解动力学问题时，将方程在空间上采用有限元法或其他方法进行离散后，变为常微分方程组 $F=M(u)+C(u)+K(u)$。采用中心差分法解决动力学问题称为显式算法。对于显式分析，当前时刻的位移只与前一时刻的加速度和位移有关，这就意味着当前时刻的位移求解无须迭代过程，不存在收敛问题。当使用集中质量矩阵时，不需要求解线性方程组。

1976 年，Hallquist 在劳伦斯利弗莫尔国家实验室工作时，开始基于显式时间积分研发求解器，以解决非线性动力学问题。1988 年，Hallquist 创建了 Livermore Software Technology 公司，LS-DYNA 开始商业化进程。从理论和算法方面，LS-DYNA 是目前所有显式求解程序的先驱和理论基础。

目前，LS-DYNA 已经发展成国际上最著名的显式动力分析程序，能够模拟各种复杂几何非线性(大位移、大转动和大应变)、材料非线性和接触非线性问题，特别适合于分析各类二维、三维高速非线性的复杂力学过程，如爆炸与冲击、结构碰撞、金属加工成形等问题。近年来 Abaqus/Explicit、Autodyn、Workbench/Explicit dynamics、MSC Dytran 等软件相继开发了显式计算模块，可开展显式动力分析。该类通用有限元程序分析是以显式为主、隐式为辅的通用非线性动力分析程序，特别适合求解各种二维、三维非线性结构的高速碰撞、爆炸和金属成形等非线性动力冲击问题，同时可以求解传热、流体及流固耦合问题。该类程序通常以拉格朗日(Lagrange)算法为主，兼有 ALE 和欧拉(Euler)算法；以结构分析为主，兼有热分析、流体-结构耦合功能；广泛应用于汽车工业、航空航天、制造业、建筑业、国防、电子领域、石油工业等。

第2章 理论基础

2.1 显式分析方法

在结构工程动力学分析中一般常采用基于显式中心差分法进行时间积分的分析方法，该方法可通过质量矩阵的对角化，使多个相互独立的方程得到求解，计算过程无须迭代，具有计算速度快、稳定性较好等优点。

显式是指用于求解动量和能量方程中时间导数的数值方法。图 2.1 为显式分析时间积分的图形描述，其中，t 时刻节点的位移值均是已知的，$t+\Delta t$ 时刻节点 n_2 的位移值可由 t 时刻节点 n_1、n_2、n_3 的位移值得出，由此可根据 $t+\Delta t$ 时刻所有节点与 t 时刻节点的关系，建立一个显式代数方程组，依次求解各方程，即可得到 $t+\Delta t$ 时刻每个节点的位移。

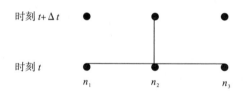

时刻 $t+\Delta t$

时刻 t

n_1 n_2 n_3

图 2.1 显式分析时间积分图形描述

2.2 中心差分法基本原理

中心差分法是一种显式积分法，其基本思路是用有限差分代替位移对时间求导，将运动方程中的速度向量和加速度向量用位移的某种组合来表示，然后将常微分方程组的求解问题转化为代数方程组的求解问题，并假设在每个小的时间间隔内满足运动方程，则可求得每个时间间隔的递推公式，进而求得整个时程的反应。

在中心差分法中，速度可由对位移一阶求导表示，加速度可由对位移的二阶求导表示：

$$\begin{cases} \dot{U}_t = \dfrac{1}{2\Delta t}\left\{ -U_{t-\Delta t} + U_{t+\Delta t} \right\} \\ \ddot{U}_t = \dfrac{1}{\Delta t^2}\left\{ U_{t-\Delta t} - 2U_t + U_{t+\Delta t} \right\} \end{cases} \tag{2.1}$$

式中，Δt 为时间步长。

在结构动力学分析中，系统的运动方程可表示为

$$M\ddot{U} + C\dot{U} + KU = P(t) \tag{2.2}$$

式中，M 为质量矩阵；C 为阻尼矩阵；K 为刚度矩阵；$\ddot{U}$ 为节点加速度列阵；$\dot{U}$ 为节点速度列阵；U 为位移列阵；$P(t)$ 为外力向量列阵。

将式(2.2)代入式(2.1)，整理后可得

$$\hat{M}U_{t+\Delta t} = \hat{R}_t \tag{2.3}$$

式中，$\hat{M} = \dfrac{1}{\Delta t^2}M + \dfrac{1}{2\Delta t}C$ 与 $\hat{R}_t = F_t - \left(K - \dfrac{2}{\Delta t^2}M\right)U_t - \left(\dfrac{1}{\Delta t^2}M - \dfrac{1}{2\Delta t}C\right)U_{t-\Delta t}$ 分别为有效质量矩阵与有效荷载向量。

式(2.3)是求解各个离散时间点的解的递推公式，在求解 $t+\Delta t$ 时刻瞬时的位移向量 $U_{t+\Delta t}$ 时，只要根据 $t+\Delta t$ 时刻以前的状态变量计算出 $\hat{M}$ 与 $\hat{R}_t$，则可由式(2.3)直接求出 $U_{t+\Delta t}$，这种数值积分方法又称逐步积分法。同时需要说明的是，在该算法中存在一个起步问题，其中的关键则是 $U_{-\Delta t}$ 的计算，即当 $t=0$ 时，要通过式(2.3)计算出 $U_{-\Delta t}$，除了由初始条件已知的 U_0 外，还需要知道 $U_{-\Delta t}$ 的值，所以必须采用一种专门的起步计算方法。起步计算方法如下。

给定初始条件 U_0、$\dot{U}_0$ 后，根据 $t=0$ 时刻的运动方程：

$$M\ddot{U}_0 + C\dot{U}_0 + KU_0 = P_0 \tag{2.4}$$

可求得加速度项 $\ddot{U}_0$，即

$$\ddot{U}_0 = M^{-1}\left(P_0 - C\dot{U}_0 - KU_0\right) \tag{2.5}$$

又根据式(2.1)中加速度和速度的表达式可知：

$$U_{-\Delta t} = U_0 - \Delta t\dot{U}_0 + \ddot{U}_0\Delta t^2 / 2 \tag{2.6}$$

将 U_0、$\dot{U}_0$、$\ddot{U}_0$ 代入式(2.6)即可计算得出 $U_{-\Delta t}$。

2.3　显式分析计算

当采用显式中心差分法进行计算时，式(2.2)可改写为

$$\ddot{U}(t_n) = M^{-1}\left[F^{\text{ext}}(t_n) - F^{\text{int}}(t_n)\right] \tag{2.7}$$

式中，M 为集中质量矩阵；$F^{\text{ext}}(t_n)$ 为 t_n 时刻的外荷载矢量；$F^{\text{int}}(t_n)$ 为 t_n 时刻的内力矢量，它由下面几项构成：

$$F^{\text{int}}(t_n) = \int B^{\text{T}}\sigma \mathrm{d}\Omega + F^{\text{hg}} + F^{\text{contact}} \tag{2.8}$$

式中，$\int B^{\text{T}}\sigma \mathrm{d}\Omega$ 为单元的等效节点内力；B 为单元应变矩阵；σ 为节点应力；Ω 为对单元的积分；F^{hg} 为沙漏阻力；F^{contact} 为接触力。

若已知时间节点 $0,1,2,\cdots,t_n$ 的解，则时间节点 t_{n+1} 的速度和位移便可由下面公式求得：

$$v_{n+1/2} = v_{n-1/2} + a_n \Delta t_n \tag{2.9}$$

$$u_{n+1} = u_n + v_{n+1/2} \Delta t_{n+1/2} \tag{2.10}$$

其中

$$\Delta t_{n+1/2} = \frac{1}{2} \left(\Delta t_n + \Delta t_{n+1} \right) \tag{2.11}$$

v 和 u 分别为节点的速度矢量和位移矢量。

由此，便可通过初始时刻的几何构型，得出 t_{n+1} 时刻系统新的几何构型：

$$x_{n+1} = x_0 + u_{n+1} \tag{2.12}$$

2.4 显式中心差分法稳定性分析

显式中心差分法是有条件稳定的。首先，在直接积分方法中，实质是用差分替代微分，且对位移和加速度的变化采用引申的线性关系(外插)，这就限制了 Δt 的取值不能过大，否则结果可能失真过大，从而不能正确表现系统的真实响应；其次，在数值稳定性问题上，由于在每一步数值计算中，都不可避免地存在舍入误差，而这些舍入误差又不可避免地代入下一个时间步长算式中，若算法不具备数值稳定性，则可能导致结果发散，不能正常表现真实响应，甚至会导致无法求解。因此，为了使算法更加稳定，必须要限制时间步长 Δt 的大小。

在一个简单的线性自由弹簧系统中，运动方程可表示为

$$M\ddot{U} + KU = 0 \tag{2.13}$$

设 φ 为特征向量矩阵，其与质量矩阵 M 和刚度矩阵 K 之间存在如下关系：

$$\varphi^{\mathrm{T}} M \varphi = I \tag{2.14}$$

$$\varphi^{\mathrm{T}} K \varphi = \omega^2 \tag{2.15}$$

式中，I 为单位矩阵；ω 为角频率。

通过特征向量矩阵 φ，可将运动方程转化为

$$\varphi^{\mathrm{T}} M \varphi \ddot{U} + \varphi T K \varphi U = 0 \tag{2.16}$$

即得 t_n 时刻系统运动方程为

$$\ddot{U}\left(t_n\right) + \omega^2 U\left(t_n\right) = 0 \tag{2.17}$$

根据中心差分法式(2.1)，代入 $\ddot{U}$ 得

$$U\left(t_{n+1}\right) - \left(2 - \omega^2 \Delta t^2\right) U\left(t_n\right) + U\left(t_{n-1}\right) = 0 \tag{2.18}$$

设 $U\left(t_n\right) = \lambda^n$，代入式(2.16)，差分方程转化为多项式方程：

$$\lambda^2 - \left(2 - \omega^2 \Delta t^2\right) \lambda + 1 = 0 \tag{2.19}$$

当 $n \to \infty$ 时，若 $U(t_n)$ 有界，则可以得到稳态解，这就要求 $|\lambda| \leqslant 1$。对于满足方程 $|\lambda| \leqslant 1$ 的所有根，满足稳定条件的最大 Δt 的值为

$$\Delta t^{\text{crit}} = \frac{2}{\omega_{\max}} \tag{2.20}$$

式中，$\omega_{\max}$ 为有限元网格的最大自然角频率。只有当 Δt 小于等于该最大临界值时，求解才是稳定的，即

$$\Delta t \leqslant \Delta t^{\text{crit}} = \frac{2}{\omega_{\max}} \tag{2.21}$$

所以，在显式算法中，要采用很小的时间步长来进行计算，因而一般只对瞬态问题有效。

2.5　隐式分析方法

2.5.1　基本概念

隐式分析方法同样是用于求解动量和能量方程中时间导数的数值方法。隐式分析时间积分的图形描述如图 2.2 所示，$t+\Delta t$ 时刻节点 n_2 的位移值与 t 时刻节点 n_1、n_2、n_3 的已知位移值相关，也与 $t+\Delta t$ 时刻节点 n_1、n_3 的未知位移值相关，由此根据各个节点间的关系，可产生一个联立的代数方程组，该方程组可通过矩阵代数求解（如矩阵求逆）。

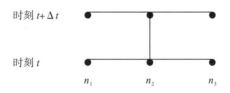

图 2.2　隐式分析时间积分图形描述

2.5.2　隐式算法

以纽马克（Newmark）隐式时间积分为例，该方法基于下面公式：

$$\dot{u}_{i+1} = \dot{u}_i + \left[(1-\gamma)\Delta t \right] \ddot{u}_i + (\gamma \Delta t) \ddot{u}_{i+1} \tag{2.22}$$

$$u_{i+1} = u_i + (\Delta t)\dot{u}_i + \left[(0.5-\beta)(\Delta t)^2 \right] \ddot{u}_i + \left[\beta(\Delta t)^2 \right] \ddot{u}_{i+1} \tag{2.23}$$

由式（2.22）和式（2.23）可以看出，$i+1$ 时刻的未知位移及加速度同时出现在方程中，因而执行计算时在每一个时间步长内都要进行迭代求解。将式（2.22）和式（2.23）代入运动方程（2.2）中，整理后可得

$$\widehat{K}U_{t+\Delta t} = \widehat{R_{t+\Delta t}} \tag{2.24}$$

式中

$$\widehat{K} = \frac{1}{\alpha\Delta t^2}M + \frac{\delta}{\alpha\Delta t}C + K$$

$$\widehat{R_{t+\Delta t}} = R_{t+\Delta t} + M\left[\frac{1}{\alpha\Delta t^2}U_t + \frac{1}{\alpha\Delta t}\dot{U}_t + \left(\frac{1}{2\alpha}-1\right)\ddot{U}_t\right]$$

$$+ C\left[\frac{\delta}{\alpha\Delta t}U_t + \left(\frac{\delta}{\alpha}-1\right)\dot{U}_t + \Delta t\left(\frac{1}{2\alpha}-1\right)\ddot{U}_t\right]$$

分别称为有效刚度矩阵和有效荷载矢量。从中可以看出，如果需要求解 $U_{t+\Delta t}$，就需要当前时刻的 $R_{t+\Delta t}$。同时，由于刚度矩阵出现在方程左侧，每一次的迭代过程都要进行矩阵的求逆以解大型的线性方程组。

2.6   显式与隐式算法的区别

显式算法和隐式算法虽然在计算效率上各有优势，但总的来说，在动力学分析中，主要还是采用显式算法，因为在动力学分析中，如频率响应分析、响应谱分析等，往往时间很短，要获得较好的结果，需要取很短的时间步长来捕捉瞬时的响应，这时显式动力学就很有用，而且在计算时间上也具有较大的优势。

隐式算法主要还是用于时间周期较长的非线性分析(nonlinear analysis)，属于静力学分析的范畴，当然也包括动力学分析里面特殊的准静力(quasi-static)分析。

静力学分析中是不会用到显式算法的，动力学分析中主要采用显式算法(特别是响应时间很短的问题)，当然也可以采用隐式算法，但需要选择较为合适的时间步长，当时间步长取得合适时，抛开计算时间，两种算法的结果相差不大，但总的来说，动力学分析大多数问题还是采用显式算法。

2.6.1   显式算法的特点

显式算法有如下特点：

(1)不计算总体刚度矩阵，弹性项放在内力中，进而避免了刚度矩阵的求逆，这对于非线性分析非常有益，因为非线性分析中每个增量步，刚度矩阵都在发生变化。显式算法避免了反复更新刚度矩阵并求解线性方程组的成本。

(2)质量矩阵为对角矩阵时，在求解过程中，求解运动方程时不需要进行质量矩阵的求逆运算，仅需利用矩阵的乘法获取右端的等效荷载矢量，计算效率非常高。

(3)上述显式中心差分法不存在收敛问题，是条件稳定算法，保持稳定状态需要相对较小的时间步长，若超过了稳定时间步长，计算将出现不稳定现象，位移计算值趋于无穷大。

(4)适合冲击、穿透等高频非线性动力响应问题。

2.6.2　隐式算法的特点

隐式算法有如下特点：

(1)处理线性问题时无条件稳定，计算时间步长可以较大，计算效率高。

(2)处理非线性问题时，采用的是线性逼近的方法，因此高度非线性问题无法保证收敛。

(3)求解过程中对静态平衡方程要进行迭代求解，需要求解刚度矩阵。

(4)适合静力学问题、低频动力学问题及特征值分析。

2.7　常用有限元软件概述

国际上早在 20 世纪 50 年代末至 60 年代初就投入大量的人力和物力开发具有强大功能的有限元分析程序。其中最为著名的是由美国国家航空航天局在 1965 年委托美国计算机科学公司和贝尔飞机公司开发的 Nastran 有限元分析系统。该系统发展至今已有几十个版本，是目前世界上规模最大、功能最强的有限元分析系统。从那时到现在，世界各地的研究机构和大学也发展了一批规模较小但使用灵活、价格较低的专用或通用有限元分析软件，主要有 ABAQUS、ADINA、ANSYS 等公司的产品。主流 CAE 软件的特点、功能综述如下。

1. MSC

MSC 是世界著名的大型通用结构有限元分析软件，该软件在全球计算机辅助工程市场居于绝对领导地位。MSC 软件的产品系列较多，不同软件模块执行不同的分析功能，除了在计算流体动力学(computational fluid dynamics，CFD)领域没有特别突出的模块，在其他分析领域，MSC 的相应分析模块基本上都是最好的。

MSC 公司的主要产品及其功能简述如下。

MSC.Patran 是世界公认最佳的集几何访问、有限元建模、分析求解及数据可视化于一体的新一代框架式软件系统，通过其全新的"并行工程概念"和无与伦比的工程应用模块，将世界所有著名的 CAD/CAE/CAM/CAT[①]软件系统及用户自编程序自然地融为一体。 MSC.Patran 独有的 SGM(单一几何模型)技术可直接在几何模型一级访问各类 CAD 软件数据库系统，包括 UG、Pro/Engineer、CATIA、CADDSS、Euclid、SolidEdge、Solidworks、AutoDesk MDT 及 I-DEAS 等。

---

① CAM 指计算机辅助制造，CAT 指计算机辅助测试。

图 2.3 为 MSC.Patran 界面。

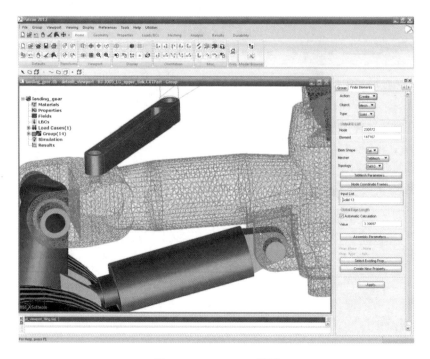

图 2.3　MSC.Patran 界面

　　MSC.Nastran 的分析功能覆盖了绝大多数工程应用领域，并为用户提供了方便的模块化功能选项，MSC.Nastran 的主要功能模块有基本分析模块(含静力、模态、屈曲、热应力、流固耦合及数据库管理等)、动力学分析模块、热传导模块、非线性分析模块、设计灵敏度分析及优化模块、超单元分析模块、气动弹性分析模块、用户开发工具模块及高级对称分析模块。除模块化，MSC.Nastran 还按解题规模分成 10000 节点到无限节点，用户引进时可根据自身的经费状况和功能需求灵活地选择不同的模块和不同的解题规模，以最小的经济投入取得最大的效益。

　　MSC Dytran 是 MSC.Software 公司的核心产品之一，专门适用于高速瞬态非线性动力学问题和瞬态流固耦合问题的数值仿真。该程序是在 LS-DYNA 3D 的框架下，在程序中增加荷兰 Pisces International 公司开发的 PISCES 的高级流体动力学和流体-结构相互作用功能，还在 PISCES 的欧拉模式算法基础上，开发了物质流动算法和流固耦合算法。在同类软件中，其高度非线性、流-固耦合方面有独特之处。

　　但 MSC.Dytran 本身是一个混合物，在继承了 LS-DYNA 3D 与 PISCES 的优点的同时，也继承了其不足：首先，材料模型不丰富，对于岩土类处理尤其差，虽然提供了用户材料模型接口，但由于程序本身的缺陷，难以将反映材料特性的模型加上去；其次，没有二维计算功能，轴对称问题也只能按三维问题处理，使计算量大幅度增加，在处理冲击问题的接触算法上远不如当前版的 LS-DYNA 3D 全面。

2. ABAQUS

ABAQUS 是一套功能强大的工程模拟有限元软件，其解决问题的范围从相对简单的线性分析到许多复杂的非线性问题。ABAQUS 包括一个丰富的、可模拟任意几何形状的单元库，并拥有各种类型的材料模型库，可以模拟典型工程材料的性能，其中包括金属、橡胶、高分子材料、复合材料、钢筋混凝土、可压缩超弹性泡沫材料以及土壤和岩石等地质材料。作为通用的模拟工具，ABAQUS 除了能解决大量结构(应力/位移)问题，还可以模拟其他工程领域的许多问题，如热传导、质量扩散、热电耦合分析、声学分析、岩土力学分析(流体渗透/应力耦合分析)及压电介质分析等。

ABAQUS 被广泛地认为是功能最强的有限元软件，可以分析复杂的固体力学(结构力学)系统，特别是能够驾驭非常庞大复杂的问题和模拟高度非线性问题。ABAQUS 不但可以做单一零件的力学和多物理场的分析，还可以做系统级的分析和研究。ABAQUS 的系统级分析的特点相对于其他分析软件是独一无二的。由于 ABAQUS 优秀的分析能力和模拟复杂系统的可靠性，其被各国的工业和研究中广泛采用。ABAQUS 产品在大量的高科技产品研究中都发挥着巨大的作用。

图 2.4 为 ABAQUS 软件界面。

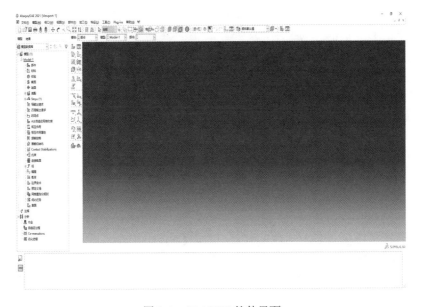

图 2.4　ABAQUS 软件界面

ABAQUS 有两个主求解器模块：ABAQUS/Standard和ABAQUS/Explicit。ABAQUS 还包括一个全面支持求解器的图形用户界面，即人机交互前后处理模块ABAQUS/CAE。

ABAQUS/Standard 提供各种类型的分析程序，从常见的线性问题分析到复杂的多步非线性问题都能高效、可靠地解决。分析程序的丰富多样性使运用变得十分方便，一个单一的模拟可以包括多种分析类型，例如，可以包括一个非线性静态分析，接着进行非线性动态分析或者一系列线性摄动分析来获得在初始预应力状态下结构的固有频率和微振动响应。ABAQUS/Standard 可以模拟大量的物理现象，除了应力、位移分析之外，还有热传导、质量扩散和声学现象。不同物理现象间的相互作用，如热固耦合、热电耦合、压电耦合、多孔介质的流固耦合、压力作用下的流体-结构耦合和声固耦合等分析，也能进行模拟。对于以上或其他非线性分析，ABAQUS/Standard 会自动调整收敛准则和时间步长来确保准确性。

ABAQUS/Explicit 能为模拟广泛的动力学问题和准静态问题提供精确、强大和高效的有限元求解技术，适用于高度非线性动力学和准静态分析、完全耦合瞬态温度-位移分析、声固耦合分析；还可以进行退火过程模拟，从而适用于多步骤成形的模拟。ABAQUS/Explicit 高效处理接触问题和其他非线性问题的能力使之成为求解许多非线性准静态问题的有效供给，如制造过程和能量吸收装置缓慢挤压过程的模拟。

ABAQUS/CAE能快速有效地创建、编辑、监控、诊断和后处理。ABAQUS/CAE将建模、分析、工作管理以及结果显示集成于一个一致的、使用方便的环境中，这使得初学者易于学习，而经验丰富的用户工作效率会更高。对于工程专家，由于各种熟悉的建模概念的使用，如基于特征的参数化建模，ABAQUS/CAE 是一个先进、高效的前后处理器。利用公开发布的用户自定义工具包，ABAQUS/CAE能提供强大的流程自动化解决方案。

虽然 ABAQUS 有强大的计算功能，但对爆炸与冲击过程的模拟不及 Dytran 和 LS-DYNA 3D。

3. ADINA

ADINA 是一个可以求解多物理场问题的有限元系统，由多个模块组成，包括前后处理模块(ADINA-AUI)、结构分析模块(ADINA-Structures)、流体分析模块(ADINA-CFO)、热分析模块(ADINA-Thermal)、流固耦合分析模块(ADINA-FSI)、热机耦合分析模块(ADINA-TMC)以及建模模块(ADINA-M)和与其他程序的接口模块(ADINA-Transor)。

图 2.5 为 ADINA 软件界面。

图 2.5　ADINA 软件界面

　　ADINA 是一个全集成系统，所有分析模块使用统一的前后处理模块（ADINA-AUI），易学易用，友好的交互式图形界面能实现所有建模和后处理功能。ADINA-AUI 的主要特点如下。

　　内嵌 ADINA-M 建模模块，这个模块采用的是 Parasolid 建模技术。这种 Parasolid 技术是著名的 EDS 公司开发的，此技术首先是作为通用大型三维 CAD 软件 UG 的内核技术被采用，现在已经广泛被很多公司的三维 CAD 产品接受作为自己的内核技术。ADINA 采用 CAD 软件的内核技术作为自己的 CAD 建模技术有两方面的好处：①自身建立几何模型的功能强大；②如果采用 CAD 软件建立几何模型，其所建立的模型可以无障碍地进入 ADINA，而不会有模型缺失的问题。当然现在还有一些三维 CAD 软件不是 Parasolid 内核的，但是大多也都支持 Parasolid 格式模型的输出。

　　物理性能、荷载和边界条件是可直接赋予模型的几何特征，因此修改单元网格不会影响模型荷载和边界条件的定义，用户可以反复调整网格。ADINA 提供多种网格划分器，具有强大的网格划分功能。除常见的网格划分，对复杂模型可进行自动六面体网格划分，同时也具有自适应网格重划分功能。ADINA-AUI 提供了与多种 CAD 软件的数据接口，而且可以读入并写出 Nastran 格式的有限元模型数据，因此很多可以输出 Nastran 格式的有限元模型的前处理程序都可以作为 ADINA 的前处理模块使用。ADINA-AUI 还提供了撤销(Undo)和重做(Redo)的功能，并且 Undo/Redo 的次数可由用户定义。后处理支持各种结果变量可视化处理方法，例如，网格变形图、线、面、消隐、彩色云图、等值线图、矢量图等；旋转、平移、缩放、抓图和生成动画等操作通用简便，各种变量曲线图绘制，流场粒子、切片显示等技术；可将多种结果用一幅图形表示(如使用一幅图形同时表示流体速度和结构应力)；从输出变量中定义导出变量；ADINA 可以方便地生成应力、温度、变形等计算结果的动画显示、切片动画；能方便地绘制出模型的任意点、任一计算结果参量随时间或其他参量的变化曲线，如应力-应变曲线、位移-时间曲线、应力-时间曲线等。

ADINA-Structures 功能如下。

静力分析：分析各种结构在一定边界条件和荷载作用下内力、应力、变形等分布情况。ADINA 是目前世界上非线性功能最有效、最可靠的分析软件之一，在静力分析中能够有效地考虑各种非线性效应，如几何非线性、材料非线性、状态非线性等。

动力学分析：包括隐式瞬态动力学分析、显式瞬态动力学分析、模态分析、谐波响应分析、响应谱分析、随机振动分析。ADINA 的模态分析功能不仅可以分析单个构件的模态，还可以分析装配体的模态，整个装配体中可以包括接触、螺栓单元等非线性因素。

结构屈曲分析：屈曲分析用于确定结构局部或整体失稳时的极限荷载，以及结构在特定荷载下的失稳模态和失稳过程。ADINA 中屈曲分析分为线性屈曲分析和非线性屈曲分析。ADINA 的荷载-位移控制(load-displacement control，LDC)算法通过反复增减荷载并同时控制结构位移，寻找结构失稳的临界荷载，能够反映结构的实际受力和变形状态。

4. Dynaform

Dynaform 软件是美国 ETA 公司和 LSTC 公司联合开发的用于板料成形数值模拟的专用软件，是 LS-DYNA 求解器与 ETA/FEMB 前后处理器的完美结合，是当今流行的板料成形与模具设计的 CAE 工具之一。在其前处理器(preprocessor)上可以完成产品仿真模型的生成和输入文件的准备工作。求解器(LS-DYNA)采用的是世界上最著名的通用显式动力为主、隐式动力为辅的有限元分析程序，能够真实模拟板料成形过程中的各种复杂问题。后处理器(postprocessor)通过 CAD 技术生成形象的图形输出，可以直观动态地显示各种分析结果。

Dynaform 软件基于有限元方法建立，被用于模拟钣金成形工艺。Dynaform 软件包含 BSE、DFE、Formability 三个大模块，几乎涵盖冲压模模面设计的所有要素，包括定最佳冲压方向、坯料的设计、工艺补充面的设计、拉延筋的设计、凸凹模圆角设计、冲压速度的设置、压边力的设计、摩擦系数设置、切边线的求解、压力机吨位设计等。

Dynaform 的主要特点如下：

(1)采用 LS-DYNA 作为求解器，能够方便地解决复杂的金属成形问题。

(2)工艺活动的分析过程，囊括影响冲压工艺的 60 余个因素，拥有以 DFE 为代表的多种工艺分析模块和工艺风格界面，易于掌握。

(3)完整的建模功能，并能提供标准的 CAE 接口。

(4)简洁方便的工件定义以及工件的自动定位功能，可以预览模具动作；在提交分析之前可以允许用户检查所定义的工具动作是否正确。

(5)具有先进的板料网格生成器，可以允许三角形、四边形网格混合划分，并可方便地进行网格修剪，同时在拉延筋定义、结果映射、下料优化等方面操作均较便捷。

5. LS-DYNA

LS-DYNA 是功能齐全的几何非线性(大位移、大转动和大应变)、材料非线性(约150 种材料模型)和接触非线性(50 多种)商用有限元程序。它以 Lagrange 算法为主，兼有 ALE 和 Euler 算法；以显式求解为主，兼有隐式求解功能；以结构分析为主，兼有热分析、流体-结构耦合功能；以非线性动力学分析为主，兼有静力分析功能(如动力学分析前的预应力计算和薄板冲压成形后的回弹计算)；军用和民用相结合的通用结构分析非线性有限元程序，是显式动力学程序的先驱。

LS-DYNA 具有如下特点。

1) 强大的分析能力

LS-DYNA 具有强大的分析能力，可通过 LS-DYNA 进行的分析包括非线性动力学分析、多刚体动力学分析、准静态分析(钣金成形等)、热分析、结构-热耦合分析、流体分析、有限元-多刚体动力学耦合分析(MADYMO、CAL3D)、水下冲击、失效分析、裂纹扩展分析、实时声场分析、设计优化、隐式回弹分析、多物理场耦合分析、自适应网格重划分、并行处理(共享式计算和分布式计算)。

2) 材料模式库强大

LS-DYNA 中拥有大约 150 种材料模型，包括金属、塑料、玻璃、泡沫、编织品、橡胶(人造橡胶)、蜂窝材料、复合材料、混凝土和土壤、炸药、推进剂、黏性流体等，还可用户自定义材料模型库，具有强大的扩充性。

3) 单元类型丰富

LS-DYNA 拥有众多的单元类型，包括梁单元、杆单元、壳单元、体单元、索单元、集中质量单元等多种类型，各类单元又有多种理论算法可供用户选择。

4）接触功能齐全

LS-DYNA 的接触分析功能齐全，易于使用，非常有效，可以对多种接触问题进行求解，包括变形体对变形体的接触、变形体对刚体的接触、刚体对刚体的接触、板壳结构的单面接触、与刚性墙接触、表面与表面固连、节点与表面固连、壳边与壳面的固连、流体与固体的界面等，并可考虑接触表面的静动摩擦力和固连失效。

5）初始条件、荷载和约束功能齐全

LS-DYNA 中的初始条件、荷载和约束功能主要包括：初始速度、初始应力、初始应变、初始动量（模拟脉冲荷载）；高能炸药起爆；节点荷载、压力荷载、体力荷载、热荷载、重力荷载；循环约束、对称约束（带失效）、无反射边界；给定节点运动（速度、加速度或位移）、节点约束；铆接、焊接（点焊、对焊、角焊）；两个刚性体之间的连接，如球形连接、旋转连接、柱形连接、平面连接、万向连接、平移连接；位移/转动之间的线性约束、壳单元边与固体单元之间的固连；带失效的节点固连。

6）应用广泛

LS-DYNA 广泛应用于汽车工业、航空航天、制造业、建筑业、国防、电子及石油工业等领域。

第3章 LS-DYNA 简介

3.1 基 本 概 念

LS-DYNA 适用于研究结构动力学问题中涉及大变形、复杂材料模型和接触情况的物理现象,可以在显式分析和采用不同时间步长的隐式分析之间进行切换。不同学科如热耦合分析、计算流体动力学、流固耦合、光滑粒子流体动力学(smoothed particle hydrodynamics,SPH)、无网格伽辽金(element free Galerkin,EFG)法、颗粒法、边界元法(boundary element method,BEM)等可以与结构动力学相结合进行分析。LS-DYNA 程序是功能齐全的几何非线性(大位移、大转动和大应变)、材料非线性(140多种材料模型)和接触非线性(50多种)程序。它以 Lagrange 算法为主,兼有 ALE 和 Euler 算法;以显式求解为主,兼有隐式求解功能;是显式动力学程序的先驱。本书后续分析均基于 LS-DYNA 展开。

3.2 时间步长计算

在 LS-DYNA 的求解中,采用"变时间步长法",即每一时刻的时间步长 Δt 由当前结构的稳定性条件控制。具体算法为:计算每一个单元的极限时间步长 Δt_e,在所有单元的极限时间步长中取最小值来确定下一时刻新的时间步长,即

$$\Delta t_{n+1} = a \cdot \min\left\{\Delta t_1, \Delta t_2, \cdots, \Delta t_N\right\} \tag{3.1}$$

式中,N 为单元个数;a 为比例因子,出于稳定性原因,通常设置为 0.90(默认值)或更小的值。

各种单元的极限时间步长 Δt_e 计算方法如下。

1. 体单元

在体单元中,极限时间步长计算公式如下:

$$\Delta t_e = \frac{L_e}{\left\{\left[Q + \left(Q^2 + c^2\right)^{1/2}\right]\right\}} \tag{3.2}$$

式中,Q 为关于体积黏度系数 C_0、C_1 的函数:

$$Q = \begin{cases} C_1 c + C_0 L_e \left| \dot{\varepsilon}_{kk} \right|, & \dot{\varepsilon}_{kk} \leqslant 0 \\ 0, & \dot{\varepsilon}_{kk} > 0 \end{cases} \tag{3.3}$$

L_e 为特征长度,对于八节点实体单元,$L_e = \dfrac{v_e}{A_{e_{\max}}}$,$v_e$ 为单元体积,$A_{e_{\max}}$ 为单元最

大一侧的面积;对于四节点实体单元,L_e=最小高度。c 为材料声速,对于体积模

量恒定的弹性材料,有

$$c = \sqrt{\frac{E(1-\nu)}{(1+\nu)(1-2\nu)\rho}} \tag{3.4}$$

E 为杨氏模量,ν 为泊松比。

2. 梁单元与桁架单元

在 Hughes-Liu 梁单元与桁架单元中,极限时间步长由式(3.5)确定:

$$\Delta t_e = \frac{L}{c} \tag{3.5}$$

式中,L 为单元长度;c 为波速,且

$$c = \sqrt{\frac{E}{\rho}} \tag{3.6}$$

在 Belytschko 梁单元中,式(3.5)中 c 为纵向声速。弯曲相关极限时间步长采

用式(3.7)计算更小:

$$\Delta t_e = \frac{0.5L}{c\sqrt{3I\left(\dfrac{3}{12I + AL^2} + \dfrac{1}{AL^2}\right)}} \tag{3.7}$$

式中,I 为惯性矩;A 为截面面积最大值。

3. 壳单元

在壳单元中,极限时间步长计算公式如下:

$$\Delta t_e = \frac{L_s}{c'} \tag{3.8}$$

式中,c' 为声速,且

$$c' = \sqrt{\frac{E}{\rho(1-\nu^2)}} \tag{3.9}$$

L_s 为特征长度,有三个用户选项可以选择:

(1)在默认选项或第一个选项中,特征长度为

$$L_s = \frac{(1+\beta)A_s}{\max\left(L_1, L_2, L_3, (1-\beta)L_4\right)} \tag{3.10}$$

式中，壳单元为四边形时 $\beta=0$ ，壳单元为三角形时 $\beta=1$ ； A_s 为面积； $L_i\left(i=1,2,3,4\right)$ 为壳单元的边长。

（2）在第二个选项中， L_s 的值取得更为保守：

$$L_s = \frac{\left(1+\beta\right)A_s}{\max\left(D_1,D_2\right)} \tag{3.11}$$

式中， $D_i\left(i=1,2\right)$ 为对角线的长度。

（3）第三个选项提供了最大的时间步长，通常在三角形壳单元高度很小时使用。波速 c 采用式（3.6）进行计算， L_s 采用式（3.12）计算：

$$L_s = \max\left[\frac{\left(1+\beta\right)A_s}{\max\left(L_1,L_2,L_3,\left(1-\beta\right)L_4\right)},\min\left(L_1,L_2,L_3,L_4+\beta\times10^{20}\right)\right] \tag{3.12}$$

4. 固体壳单元

固体壳单元中，极限时间步长计算公式如下：

$$\Delta t_e = \frac{v_e}{c'A_{e_{\max}}} \tag{3.13}$$

式中， v_e 为单元体积； $A_{e_{\max}}$ 为最长边的面积； c' 为声速，由式（3.9）得出。

5. 离散单元

对于如图 3.1 所示的弹簧元件，不采用波速 c 来计算时间步长。在图示系统中，由节点质量 m_1、m_2，弹簧刚度 k 组成的弹簧自由振动特征值问题可表示为

$$\begin{bmatrix} k & -k \\ -k & k \end{bmatrix}\begin{bmatrix} u_1 \\ u_2 \end{bmatrix} - \omega^2\begin{bmatrix} m_1 & 0 \\ 0 & m_2 \end{bmatrix}\begin{bmatrix} u_1 \\ u_2 \end{bmatrix} = \begin{bmatrix} 0 \\ 0 \end{bmatrix} \tag{3.14}$$

$m_1=0.5M_1$, M_1为节点质量

$m_2=0.5M_2$, M_2为节点质量

图 3.1　弹簧质量系统

由于特征方程的行列式必须等于零，可以求出最大特征值为

$$\det\begin{bmatrix} k-\omega^2m_1 & -k \\ -k & k-\omega^2m_2 \end{bmatrix} = 0 \rightarrow \omega_{\max}^2 = \frac{k\left(m_1+m_2\right)}{m_1\cdot m_2} \tag{3.15}$$

由桁架单元的极限时间步长，可得

$$\left.\begin{aligned}\Delta t \leqslant \frac{l}{c} \\ \omega_{\max} = \frac{2c}{l}\end{aligned}\right\} \Rightarrow \Delta t \leqslant \frac{2}{\omega_{\max}} \tag{3.16}$$

将弹簧质量近似于实际节点质量的 1/2，可得

$$\Delta t = 2\sqrt{\frac{m_1 m_2}{m_1 + m_2} \frac{1}{k}} \tag{3.17}$$

因此，根据节点质量，可将节点极限时间步长表示如下：

$$\Delta t_e = \sqrt{\frac{2M_1 M_2}{k(M_1 + M_2)}} \tag{3.18}$$

3.3 沙 漏 模 态

在第 2 章式 (2.8) 中可注意到有一项 F^{hg} 沙漏阻力，该项是为了防止沙漏变形而人为加上的力。沙漏，就是一种以比结构全局响应高得多的频率振荡的零能变形模式，在 LS-DYNA 中应用单点高斯积分时会引起沙漏模式。

现以八节点六面体实体单元为例来简述沙漏模式的产生。在八节点六面体实体单元网格中，变形可用坐标 X_α 与时间 t 表示为

$$x_i(X_\alpha, t) = x_i(X_\alpha(\xi, \eta, \zeta), t) = \sum_{j=1}^{8} \varphi_j(\xi, \eta, \zeta) x_i^j(t) \tag{3.19}$$

式中，φ_j 为参数坐标 (ξ, η, ζ) 表示下的形函数：

$$\varphi_j = \frac{1}{8}(1 + \xi\xi_j)(1 + \eta\eta_j)(1 + \zeta\zeta_j) \tag{3.20}$$

ξ_j、η_j、ζ_j 取它们的节点值 (±1，±1，±1)；x_i^j 为第 j 个节点在第 i 个方向上的节点坐标。

对于一个实体单元，有

$$N(\xi, \eta, \zeta) = \begin{bmatrix} \varphi_1 & 0 & 0 & \varphi_2 & 0 & \cdots & 0 & 0 \\ 0 & \varphi_1 & 0 & 0 & \varphi_2 & \cdots & \varphi_8 & 0 \\ 0 & 0 & \varphi_1 & 0 & 0 & \cdots & 0 & \varphi_8 \end{bmatrix} \tag{3.21}$$

σ 是应力向量：

$$\sigma^{\mathrm{T}} = \begin{pmatrix} \sigma_{xx} & \sigma_{yy} & \sigma_{zz} & \sigma_{xy} & \sigma_{yz} & \sigma_{zx} \end{pmatrix} \tag{3.22}$$

单元应变矩阵 B 可表示为

$$B = \begin{bmatrix} \dfrac{\partial}{\partial x} & 0 & 0 \\[2mm] 0 & \dfrac{\partial}{\partial y} & 0 \\[2mm] 0 & 0 & \dfrac{\partial}{\partial z} \\[2mm] \dfrac{\partial}{\partial y} & \dfrac{\partial}{\partial x} & 0 \\[2mm] 0 & \dfrac{\partial}{\partial z} & \dfrac{\partial}{\partial y} \\[2mm] \dfrac{\partial}{\partial z} & 0 & \dfrac{\partial}{\partial x} \end{bmatrix} N \tag{3.23}$$

式 (3.23) 中的各项也比较容易求得，可以注意到：

$$\frac{\partial \varphi_i}{\partial \xi} = \frac{\partial \varphi_i}{\partial x}\frac{\partial x_i}{\partial \xi} + \frac{\partial \varphi_i}{\partial y}\frac{\partial y_i}{\partial \xi} + \frac{\partial \varphi_i}{\partial z}\frac{\partial z_i}{\partial \xi}$$

$$\frac{\partial \varphi_i}{\partial \eta} = \frac{\partial \varphi_i}{\partial x}\frac{\partial x_i}{\partial \eta} + \frac{\partial \varphi_i}{\partial y}\frac{\partial y_i}{\partial \eta} + \frac{\partial \varphi_i}{\partial z}\frac{\partial z_i}{\partial \eta} \tag{3.24}$$

$$\frac{\partial \varphi_i}{\partial \zeta} = \frac{\partial \varphi_i}{\partial x}\frac{\partial x_i}{\partial \zeta} + \frac{\partial \varphi_i}{\partial y}\frac{\partial y_i}{\partial \zeta} + \frac{\partial \varphi_i}{\partial z}\frac{\partial z_i}{\partial \zeta}$$

式 (3.24) 又可写为

$$\begin{bmatrix} \dfrac{\partial \varphi_i}{\partial \xi} \\[2mm] \dfrac{\partial \varphi_i}{\partial \eta} \\[2mm] \dfrac{\partial \varphi_i}{\partial \zeta} \end{bmatrix} = \begin{bmatrix} \dfrac{\partial x}{\partial \xi} & \dfrac{\partial y}{\partial \xi} & \dfrac{\partial z}{\partial \xi} \\[2mm] \dfrac{\partial x}{\partial \eta} & \dfrac{\partial y}{\partial \eta} & \dfrac{\partial z}{\partial \eta} \\[2mm] \dfrac{\partial x}{\partial \zeta} & \dfrac{\partial y}{\partial \zeta} & \dfrac{\partial z}{\partial \zeta} \end{bmatrix} = J \begin{bmatrix} \dfrac{\partial \varphi_i}{\partial x} \\[2mm] \dfrac{\partial \varphi_i}{\partial y} \\[2mm] \dfrac{\partial \varphi_i}{\partial z} \end{bmatrix} \tag{3.25}$$

求出雅可比矩阵 J 的逆矩阵，便可解出所需要的项。

$$\begin{bmatrix} \dfrac{\partial \varphi_i}{\partial x} \\[2mm] \dfrac{\partial \varphi_i}{\partial y} \\[2mm] \dfrac{\partial \varphi_i}{\partial z} \end{bmatrix} = J^{-1} \begin{bmatrix} \dfrac{\partial \varphi_i}{\partial \xi} \\[2mm] \dfrac{\partial \varphi_i}{\partial \eta} \\[2mm] \dfrac{\partial \varphi_i}{\partial \zeta} \end{bmatrix} \tag{3.26}$$

　　采用高斯求积法计算体积积分。若用 g 表示基于体积定义的函数，n 表示积分点的个数，则有

$$\int_v g \mathrm{d}v = \int_{-1}^{1} \int_{-1}^{1} \int_{-1}^{1} g|J|\mathrm{d}\xi \mathrm{d}\eta \mathrm{d}\zeta \tag{3.27}$$

可近似表达为

$$\sum_{j=1}^{n}\sum_{k=1}^{n}\sum_{l=1}^{n} g_{jkl}\left|J_{jkl}\right| w_j w_k w_l \tag{3.28}$$

式中，w_j、w_k、w_l 为权重因子；$g_{jkl}=g(\xi_j,\eta_k,\zeta_l)$；$J$ 为雅可比矩阵。

对于单点高斯积分：

$$\begin{cases} n=1 \\ w_i=w_j=w_k=2 \\ \xi_1=\eta_1=\zeta_1=0 \end{cases} \tag{3.29}$$

可以得出

$$\int g\mathrm{d}v = 8g(0,0,0)\left|J(0,0,0)\right| \tag{3.30}$$

式中，$8\left|J(0,0,0)\right|$ 为单元的近似体积。

当 $\xi=\eta=\zeta=0$ 时，应变矩阵的反对称性如下：

$$\begin{aligned} \frac{\partial \varphi_1}{\partial x_i} = -\frac{\partial \varphi_7}{\partial x_i}, \quad & \frac{\partial \varphi_3}{\partial x_i} = -\frac{\partial \varphi_5}{\partial x_i} \\ \frac{\partial \varphi_2}{\partial x_i} = -\frac{\partial \varphi_8}{\partial x_i}, \quad & \frac{\partial \varphi_4}{\partial x_i} = -\frac{\partial \varphi_6}{\partial x_i} \end{aligned} \tag{3.31}$$

在八节点实体单元中，应变率计算公式如下：

$$\dot{\varepsilon}_{ij} = \frac{1}{2}\left(\sum_{k=1}^{8} \frac{\partial \varphi_k}{\partial x_i}\dot{x}_j^k + \frac{\partial \varphi_k}{\partial x_j}\dot{x}_i^k \right) \tag{3.32}$$

对角线上节点速度相同时，即

$$\dot{x}_i^1 = \dot{x}_i^7, \quad \dot{x}_i^2 = \dot{x}_i^8, \quad \dot{x}_i^3 = \dot{x}_i^5, \quad \dot{x}_i^4 = \dot{x}_i^6 \tag{3.33}$$

应变率为零，即

$$\dot{\varepsilon}_{ij} = 0 \tag{3.34}$$

可得出形函数的导数与沙漏基矢量（表 3.1 和图 3.2）具有正交性，即

$$\sum_{k=1}^{8} \frac{\partial \varphi_k}{\partial x_i} \Gamma_{\alpha k} = 0, \quad i = 1,2,3 \tag{3.35}$$

表 3.1 沙漏基矢量

沙漏基向量	$\alpha=1$	$\alpha=2$	$\alpha=3$	$\alpha=4$
Γ_{j1}	1	1	1	1
Γ_{j2}	1	-1	-1	-1
Γ_{j3}	-1	-1	1	1
Γ_{j4}	-1	1	-1	-1
Γ_{j5}	-1	-1	1	-1
Γ_{j6}	-1	1	-1	1
Γ_{j7}	1	1	1	-1
Γ_{j8}	1	-1	-1	1

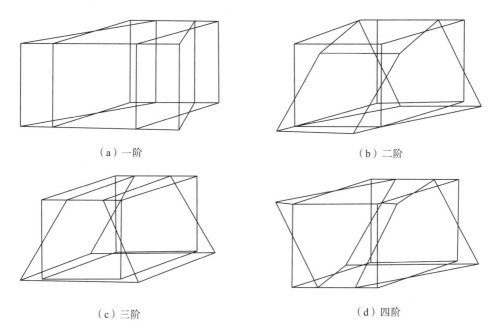

（a）一阶　　　　　　　　　　　　　　　（b）二阶

（c）三阶　　　　　　　　　　　　　　　（d）四阶

图 3.2　八节点单元单点积分沙漏模态

当单元速度场没有沙漏分量时，基矢量与节点速度乘积为零，即

$$h_{i\alpha} = \sum_{k=1}^{8} \dot{x}_i^k \Gamma_{\alpha k} = 0 \tag{3.36}$$

正是由于在 $\xi = \eta = \zeta = 0$ 处采用了单点高斯积分，沙漏模态被丢失，即对单元应变能的计算没有影响，故又称为零能模式。在动力响应计算时，沙漏模态将不受控制，从而出现计算的数值振荡。如果总体沙漏能超过模型总体内能的 10%，那么分析可能就是无效的，有时候甚至 5%的沙漏能也是不允许的，所以非常有必要对它进行控制。

在 LS-DYNA 中，常用控制沙漏的方法如下。

1) 调整模型的体积黏度

总体调整模型的体积黏度可以减少沙漏变形，黏性沙漏控制推荐用于快速变形的问题中（如激振波）。人工体积黏度本来是用于处理应力波的问题，因为在快速变形过程中，结构内部产生应力波，形成压力、密度、质点加速度和能量的跳跃，为求解的稳定性，加进人工体积黏性，使应力波的强间断模糊在相对狭窄的区域内呈急剧连续变化。由于沙漏以比结构全局响应高得多的频率振荡，调整模型的体积黏度能减少沙漏变形，在 LS-DYNA 中由关键字 "*CONTROL_BULK_VISCOSITY" 控制。

2)选择合适的沙漏控制算法

由关键字"*CONTROL_HOURGLASS"控制,可定义沙漏控制类型与控制系数,控制总体附加刚度或黏性阻尼,对于高速问题建议用黏度公式,对于低速问题建议用刚度公式。

3)对易产生沙漏的部件进行单独沙漏控制

为防止模型的总体刚度因附加刚度而增加过大,可不用总体设置附加刚度或黏度,通过关键字"*HOURGLASS"来对沙漏能过大的 PART 进行沙漏控制,参数与总体设置一样(通过"*PART"关键字与相关 PART 建立连接)。

4)使用全积分算法

由于沙漏是由单点积分导致的,可以使用相应的全积分单元来控制沙漏,此时没有沙漏模式,但在大变形情况下模型更不稳定(更容易出现负体积),而且当单元形状比较差时,在一些应用中会趋向于剪切锁死(shear-lock),因而表现得过于刚硬。全积分单元比单点积分体单元算法计算消耗会大很多,因此在很多时候使用全积分单元并不是一个最优的选择。

5)使用质量更高的有限元模型

其实通过使用好的有限元模型可以减少沙漏的产生,如网格的细化、避免施加单点荷载、分散一些全积分的"种子"单元于易产生沙漏模式的部件中从而减少沙漏。

3.4 接 触 问 题

在 LS-DYNA 中,界面滑动与冲击的接触问题处理一直是一个十分重要的功能,在处理接触问题时,主要采用以下三种不同的算法。

1. 动力约束法

动力约束法是最早采用的接触算法,该方法由 Hughes 等于 1976 年提出,同年被 Hailquit 首先应用在 LS-DYNA 2D 中,后来扩展应用到 LS-DYNA 3D 中。其基本原理是:在每一时间步长 Δt 修正构形之前,搜索所有未与主面(master surface)接触的从节点(slave node),看是否在此 Δt 内穿透了主面,若是,则缩小 Δt,使那些穿透主面的从节点都不贯穿主面,而使其正好到达主面。在计算下一 Δt 之前,对所有已经与主面接触的从节点都施加约束条件,以保持从节点与主面接触而不贯穿。此外,还应检查那些和主面接触的从节点所属单元是否受到拉应力作用，若受到拉应力，则施加释放条件，使从节点脱离主面。

当主面网格划分比从面更细时，这种算法会出现问题。如图 3.3 所示，某些主节点可以毫无约束地穿过从表面(这是由于约束只施加于从节点上)，形成"纽结"现象。当接触界面上的压力很大时，无论单元采用单点积分还是多点积分，这种"纽结"现象都很容易发生。当然，好的网格划分可能会减弱这种现象。但是对于很多问题，初始构形上好的网格划分在迭代多次后可能会变得很糟糕，如爆炸气体在结构中的膨胀。由于该算法较为复杂，目前仅用于固连接触，主要用来将结构网格的不协调部分连接起来。

图 3.3　主-从面接触示意

×表示被视为自由曲面节点的节点

2. 对称罚函数法

对称罚函数法于 1982 年开始用于 LS-DYNA 2D 程序，后扩充到 LS-DYNA 3D 程序。其基本原理是：在每一个时间步长先检查各从节点是否穿透主面，没有穿透则不对该从节点做任何处理；若穿透，则在该从节点与被穿透主面间，主节点与从面间引入一个较大的界面接触力，该接触力大小与穿透深度、接触刚度成正比，称为罚函数值。其物理意义相当于在其中放置一系列法向弹簧，限制穿透。

该接触算法方法简单，很少激起网格的沙漏效应。又由于该算法的对称性，没有噪声，并且不需要施加碰撞和释放条件，动量便可准确守恒。此外，不需要对穿透界面进行特殊处理，极大地简化了该算法的实现。

目前，罚函数法有三种实现方法：

(1)标准罚函数法。

(2)软约束罚函数法，主要用于处理不同材料性能物体间的接触问题(如钢-泡沫)，其在模拟过程中的更新及刚度计算与标准罚函数法不同。

(3)基于段的罚函数法，这是一种非常强大的接触算法，其基本逻辑是采用从段-主段方法，而不是传统的从节点-主段方法。

在标准罚函数法中，界面刚度要选择和该界面垂直的界面单元刚度相近的数量级。因此，计算时间步长不受界面的影响。但是，若界面压力变大，则可能会发生无法接受的穿透现象。可利用罚函数法，通过增大刚度和减少时间步长解决这一问题。由于时间步长减小，时间步长的数量相应增加，计算的成本也由此增加。在处理结构爆炸的交互问题时，有一个滑动选项，可避免采用罚函数法，而是采用如下描述的第三种专门化方法处理。

3. 分配参数法

分配参数法也是发展较早的一种接触界面算法，Wilkins 在 1964 年将该算法成功地应用到 HEMP 程序中，Burton 等则在 1982 年将其应用于 TENSOR 分析程序中。与节点约束法相比，这种算法具有较好的网格稳定性，因此被 DYNA 采用。目前，在 LS-DYNA 3D 程序中用来处理接触-滑动界面问题。该方法的基本原理是：将每一个正在接触的从单元(slave element)的一半质量分配到被接触的主面面积上，同时根据每个正在接触的从单元的内应力确定作用在接受质量分配的主面面积上的分布压力。在完成质量和压力的分配后，修正主面的加速度，然后对从节点的加速度和速度施加约束，以保证从节点在主面上滑动，不允许从节点穿透主面，从而避免反弹现象。

这种算法主要用来处理接触界面具有相对滑移而不可分开的问题，其最典型的应用是处理爆炸等问题，炸药爆炸产生的气体与被接触的结构之间只有相对滑动而没有分离。

3.5　常用材料模型

LS-DYNA 的常用材料模型主要包括弹性材料模型、弹塑性材料模型以及刚性材料模型。

3.5.1　弹性材料模型

弹性材料模型的应力与应变呈线性关系，如图 3.4 所示。应力-应变关系服从胡克定律，即 $\sigma = E\varepsilon$。

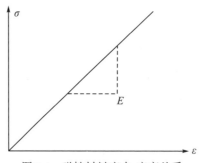

图 3.4　弹性材料应力-应变关系

关键字卡片设置如图 3.5 所示，需设置材料基本属性参数，如 RO（密度）、E（弹性模量）、PR（泊松比）。

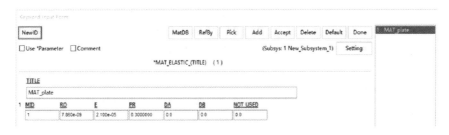

图 3.5   "*MAT_ELASTIC"卡片

3.5.2   弹塑性材料模型

弹塑性材料与弹性材料相比在卸载后会有永久材料变形，主要应用于成形模拟及碰撞，如 Hill、von Mises 等。

在单轴拉力作用下，材料会经历弹性、屈服、塑性硬化、颈缩、断裂阶段，如图 3.6 所示。

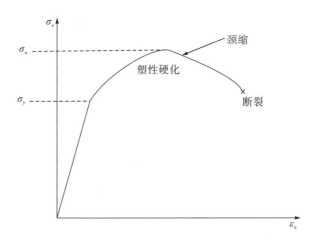

图 3.6   弹塑性材料应力-应变关系

建立弹塑性材料模型需考虑屈服和硬化。

屈服应力：材料开始屈服和塑性应变发展的极限应力，用于屈服标准。

屈服准则：预测联合应力状态下的屈服。

屈服面：是屈服准则图，即首先引起塑性变形的应力组合图。

硬化：描述屈服应力如何随着塑性应变的增加而增加，这改变了取决于塑性流动的屈服面。

von Mises 屈服准则是 LS-DYNA 中常用的标准之一，如"*MAT_003"
（"*MAT_PLASTIC_KINEMATIC"）。von Mises 屈服准则可写为

$$f = \sqrt{\frac{(\sigma_2 - \sigma_3)^2 + (\sigma_1 - \sigma_2)^2 + (\sigma_1 - \sigma_3)^2}{2}} - \sigma_y = 0 \tag{3.37}$$

Hill 屈服准则在平面应力假定的情况下，常被用于金属成形，准则可简化为

$$F\sigma_{yy}^2 + G\sigma_{xx}^2 + H(\sigma_{xx} - \sigma_{yy})^2 + 2N\tau_{xy}^2 - 1 = 0 \tag{3.38}$$

应变硬化描述了屈服应力随应变变化的情况，可采用：忽略了应变硬化的理
想塑性模型、幂函数模型、一组离散点或曲线描述的屈服应力和有效塑性应变的
函数模型和使用切线模量的双线性模型。

常用模型有如下几种。

1. "*MAT_PLASTIC_KINEMATIC"（"*MAT_003"）

该模型可以通过硬化参数 BETA（β）进行调整，当参数为零时是运动硬
化模型，当参数介于 0 和 1 之间时是混合模型，当参数为 1 时是各向同性模型，
如图 3.7 所示。这种模型是非常经济有效的，并支持梁（Hughes-Liu 和 Truss）、
壳和实体单元。

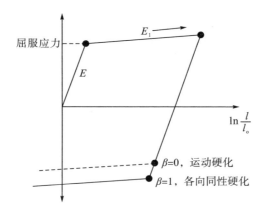

图 3.7　线性强化塑性模型

应变率的影响采用 Cowper-Symonds 模型，参数调整屈服应力可由式(3.39)
得出：

$$\sigma_y = \left[1 + \left(\frac{\varepsilon}{c}\right)^{1/\rho}\right](\sigma_0 + \beta E_p \varepsilon_p^{\mathrm{eff}}) \tag{3.39}$$

关键字卡片需设置属性参数，包括密度、弹性模量、泊松比、屈服应力、切
线模量、硬化参数和失效应变，如图 3.8 所示。

图 3.8 "*MAT_PLASTIC_KINEMATIC" 卡片

2. "*MAT_JOHNSON_COOK"（"*MAT_015"）

Johnson-Cook 材料模型一般用于描述大应变、高应变率、高温环境下金属材料的强度极限及失效过程，广泛应用于冲击领域，设置卡片如图 3.9 所示。

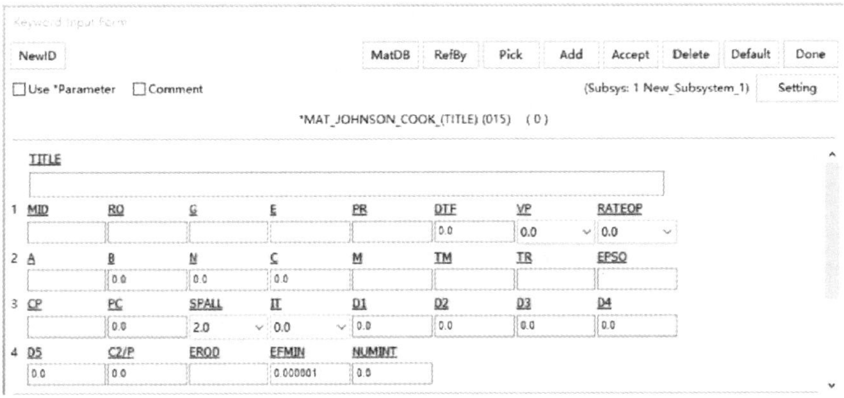

图 3.9 "*MAT_JOHNSON_COOK" 卡片

Johnson-Cook 模型假设材料各向同性，Johnson-Cook 模型中，流动应力（flow stress）可以表示为

$$\sigma_{eq} = (A + B\varepsilon_{eq}^n)(1 + C\ln\varepsilon_{eq}^*)(1 - T^{*m}) \tag{3.40}$$

式中，ε_{eq}^n 为有效应变；ε_{eq}^* 为归一化有效塑形应变率；T^* 为同系温度；A、B、C、n、m 为材料物理特性参数（初始屈服力、硬化常数、应变率常数、硬化指数、热软化指数）。

Johnson-Cook 模型的断裂由 $D = \sum(\Delta\varepsilon / \varepsilon_f)$ 的累计损坏法则导出。其中：

$$\varepsilon_f = \left[D_1 + D_2 \cdot e^{D_3\sigma^*}\right] \times \left[1 + D_4 \cdot \ln\varepsilon^*\right] \times \left[1 + D_5 \cdot T^*\right]$$

$\Delta\varepsilon$ 为加载增量期间的有效塑性应变增量；σ^* 为由有效应力归一化的平均应力；D_1、D_2、D_3、D_4、D_5 为常数；T^* 为同系温度。

3. "*MAT_POWER_LAW_PLASTIC"（"*MAT_018"）

当材料达到屈服后按指数关系塑性硬化，如图 3.10 所示。

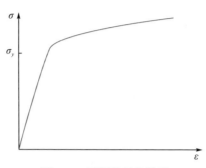

图 3.10　幂指数强化模型

"*MAT_018"需要设置密度、弹性模量、泊松比、应变率参数的 C、P 值，使用 Cowper-Symonds 模型 $\left[1+\left(\dfrac{\varepsilon}{c}\right)^{1/\rho}\right]$，如图 3.11 所示。

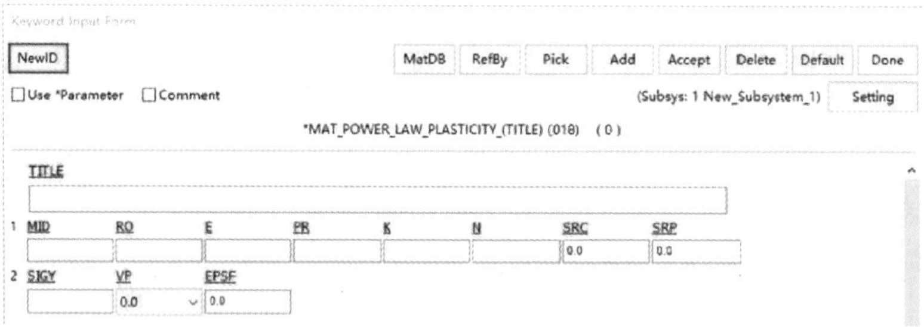

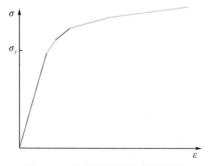

图 3.11　"*MAT_POWER_LAW_PLASTIC"卡片

4. "*MAT_PIECEWISE_LINEAR_PLASTICITY"（"*MAT_024"）

材料达到屈服后硬化曲线由多线段组成，如图 3.12 所示。

图 3.12　分段线性强化塑型模型

需设置密度、弹性模量、泊松比，如图 3.13 所示，其他参数可由硬化准则以不同方式给定：SIGY（屈服应力）和 ETAN（切线模量）。

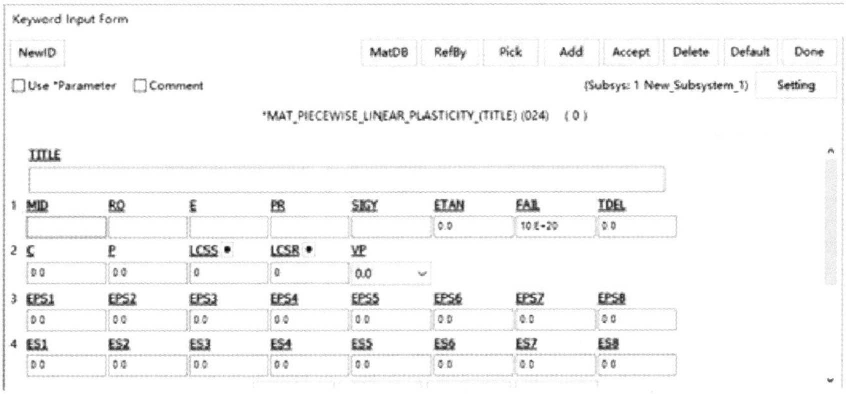

图 3.13　"*MAT_PIECEWISE_LINEAR_PLASTICITY"卡片

通过"*DEFINE_CURVE"定义加载曲线，如图 3.14 所示。由多个坐标点绘制的曲线表示硬化部分。

图 3.14　"*DEFINE_CURVE"卡片

3.5.3　刚性材料模型

当材料变形非常小时，可将材料设置为刚性材料，可直接在卡片上设置约束，不需要设置 SPC 等关键字。如果不计算刚体材料应力，则可减少计算时间。

卡片参数需设置密度、弹性模量、泊松比，其中弹性模量和泊松比用于接触刚度计算，如图 3.15 所示。

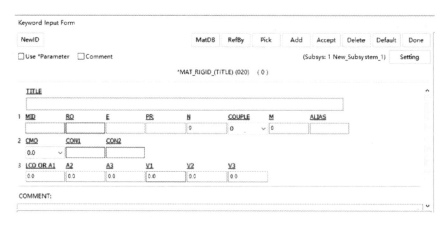

图 3.15 "*MAT_RIGID"卡片

平动参数 CON1 和转动参数 CON2 由 CMO 确定：
(1)CMO=0 无约束；
(2)CMO=1（在全局坐标系设置约束）；
(3)CMO=2（在局部坐标系设置约束）。

3.6　常用单元模型

3.6.1　概述

LS-DYNA 的单元类型主要包括质量单元、惯性单元、梁单元、薄壳单元、厚壳单元、体单元、弹簧阻尼单元和 SPH 单元。

3.6.2　质量单元和惯性单元

质量单元和惯性单元需要定义 1 个节点，如图 3.16 所示。

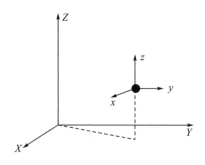

图 3.16　质量单元和惯性单元

质量单元关键字及需要定义的参数如下：

(1) 质量单元的 ID 号；

(2) 节点的 ID 号；

(3) 质量数值；

(4) PART 的 ID 号，用于指定该单元所属的 PART。

惯性单元关键字及需要定义的参数如下：

(1) 惯性单元的 ID 号；

(2) 节点的 ID 号；

(3) 惯性张量的坐标系统 ID；

(4) 6 个惯性张量值。

定义方法：单击 LS-PrePost 界面右侧列表 Model，再单击 Keyword Manager，选择 Section 中相应单元进行参数定义，余下单元定义方法相同。

3.6.3   梁单元

在 LS-DYNA 中，梁单元关键字的定义中也包含了杆单元。梁单元关键字及需要定义的参数如下：

(1) 梁单元的 ID 号；

(2) PART 的 ID 号，用于指定该单元所属的 PART；

(3) 3 个节点的 ID 号。

梁单元的公式以及横截面的形状可通过"*SECTION_BEAM"定义，再通过 PART 的 ID 号赋予梁单元，需要定义的参数如下：

(1) 截面的 ID 号；

(2) 梁单元的公式。

LS-DYNA 中提供了 9 种单元的计算公式，选择相应的数字代表对应的单元：

1——Hughes-Liu 积分梁；

2——Belytschko-Schwer 合力梁；

3——杆单元公式；

4——Belytschko-Schwer 全横截面积分公式；

5——Belytschko-Schwer 横截面积分管单元公式；

6——离散梁单元和索单元公式,索单元公式需要定义材料"*MAT_CABLE"；

7——二维平面应变壳单元(xy 平面)；

8——二维轴对称壳单元(xy 平面)；

9——可变形焊点梁单元公式，见"*MAT_SPOTWELD"。

3.6.4 薄壳单元

对于一个方向相比其他方向薄得多的部件，一般选择使用薄壳单元。
薄壳单元定义需要 4 个节点，如图 3.17 所示。

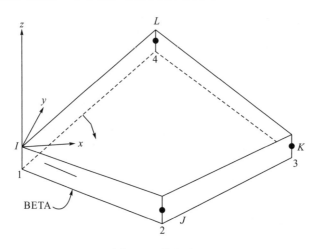

图 3.17 薄壳单元

薄壳单元关键字及需要定义的参数如下：

(1)薄壳单元的 ID 号；

(2)PART 的 ID 号，用于指定该单元所属的 PART；

(3)4 个节点的 ID 号。

薄壳单元的计算通过"*SECTION_SHELL"来进行，LS-DYNA 中提供了下列几种壳的计算公式，选择相应的数字代表对应的单元：

1——Hughes-Liu 壳单元；

2——Belytschko-Tsay 壳单元；

3——BCIZ 三角形壳单元；

4——C0 三角形壳单元；

5——Belytschko-Tsay 膜单元；

6——S/R Hughes-Liu 选择性缩减积分壳单元；

7——S/R C0-rotational Hughes-Liu 选择性缩减积分壳单元；

8——Belytschko-Leviathan 壳单元；

9——全积分 Belytschko-Tsay 膜单元；

10——Belytschko-Wong-Chiang 壳单元；

11——快速的(C0-rotational)Hughes-Liu 壳单元；

12——平面应力壳单元(xy 平面)；

13——平面应变壳单元(xy 平面)；

14——轴对称体(y 轴为对称轴)-面积加权壳单元；

15——轴对称体(y 轴为对称轴)-体积加权壳单元；

16——全积分壳单元；

17——全积分 DKT 三角形壳单元；

18——全积分线性 DK 四边形/三角形壳单元；

20——全积分线性假定应变 C0 壳单元；

21——全积分线性应变 C0 壳体(5 个自由度)；

22——线性剪切板单元(每个节点 3 个自由度)；

23——八节点四边形壳体；

24——六节点二次方三角形壳体；

25——厚度拉伸的 Belytschko-Tsay 壳体；

26——厚度拉伸的全积分壳体；

27——厚度拉伸的 C0 三角形壳体；

29——用于壳体边到边连接的内聚壳单元；

-29——用于壳体边到边连接的内聚壳单元(更适用于纯剪切)；

31——1 点积分 Eulerian N-S 单元；

32——8 点积分 Eulerian N-S 单元；

33——CVFEM Eulerian N-S 单元；

41——无网格(EFG)壳体局部方法(适用于耐撞性分析)；

42——无网格(EFG)壳体全局方法(适用于金属成形分析)；

43——无网格(EFG)平面应变公式(xy 平面)；

44——无网格(EFG)轴对称实体公式(xy 平面，y 轴对称)；

46——二维平面应变、平面应力和面积加权轴对称问题的内聚单元(适用于 14 型壳体)；

47——二维体积加权轴对称问题的内聚元素(适用于 15 型壳体)。

3.6.5　厚壳单元

厚壳单元主要应用于壳与体的过渡区域或厚壳部件。厚壳单元关键字及需要定义的参数如下：

(1)厚壳单元的 ID 号；

(2)PART 的 ID 号，用于指定该单元所属的 PART；

(3)节点的 ID 号。

厚壳单元公式和特性通过"*SECTION_TSHELL"来定义，需要定义的单元积分模式如下：

(1)单点还原积分(默认值);

(2)选择性减少 2×2 的平面积分;

(3)假定应变 2×2 的平面积分;

(4)假定应变减弱积分。

3.6.6　体单元

对于某些各个方向长度尺寸相近的几何体,建议选择使用体单元。体单元关键字及需要定义的参数如下:

(1)体单元的 ID 号;

(2)PART 的 ID 号,用于指定该单元所属的 PART;

(3)8 个节点的 ID 号。

体单元的计算公式通过"*SECTION_SOLID"关键字定义,选择相应的数字代表对应的单元,LS-DYNA 里面提供了以下类型的单元:

-18——具有 13 种不相容模式的 8 点增强应变固体元件;

-2——8 点六面体,用于长宽比较差的元件,精确公式;

-1——8 点六面体,用于低纵横比的元件,有效公式;

0——"*MAT_MODIFIED_HONEYCOMB"的 1 点共旋转单元;

1——恒定应力实体单元,为默认单元类型;

2——8 点六面体;

3——具有节点旋转的完全集成二次八节点单元;

4——具有节点旋转的 S/R 二次四面体单元;

5——1 点 ALE 积分单元;

6——1 点欧拉积分单元;

7——1 点欧拉环境温度积分单元;

8——声学单元;

9——*MAT_MODIFIED_HONEYCOMB 的 1 点共旋转单元;

10——1 点四面体单元;

11——1 点 ALE 多材料单元;

12——单一材料和空隙的 1 点积分单元;

13——1 点节点压力四面体单元;

14——8 点声学单元;

15——2 点五面体单元;

16——4 点或 5 点 10 节点四面体单元;

17——10 节点复合四面体单元;

18—— 9 点增强应变固体元件,具有 12 个不相容模式;

19——8 节点、4 点内聚单元；

20——8 节点、4 点、带偏移的内聚单元，用于壳体；

21——6 节点、1 点五面体内聚单元；

22——6 节点、1 点五面体内聚单元，带偏移，用于壳体；

23——20 节点固体配方单元；

24——27 节点、全集成 S/R 二次实体单元；

25——21 节点二次五面体单元；

26——15 节点二次四面体单元；

27——20 节点立方四面体单元；

28——40 节点立方五面体单元；

29——64 节点六面体单元；

41——无网格(EFG)固体配方单元；

42——自适应 4 节点无网格(EFG)固体配方单元；

43——无网格强化有限元单元；

45——系结无网格强化有限元单元；

47——平滑粒子 Galerkin(SPG)法单元；

60——1 点四面体单元；

98——插值实体单元；

99——时域振动研究用简化线性元件单元；

101——用户定义的实体；

102——用户定义的实体；

103——用户定义的实体；

104——用户定义的实体；

105——用户定义的实体；

115——具有沙漏控制的 1 点五面体单元；

GE.201——具有 NURBS 的等几何实体；

GE.1000——通用用户定义实体单元公式。

3.6.7　弹簧阻尼单元

在两个节点或一个节点之间定义离散(弹簧或阻尼器)单元。

定义弹簧阻尼单元关键字及需要的参数如下：

(1)弹簧阻尼单元的 ID 号；

(2)PART 的 ID 号，用于指定该单元所属的 PART；

(3)节点的 ID 号；

(4)方向选项，包括节点 1 到节点 2 的方向和沿一个矢量的方向；

(5)力或扭矩的比例系数；

(6)对 DEFORC 文件的输出开关；

(7)初始偏移量。

通过关键字"*SECTION_DISCRETE"定义弹簧阻尼单元特性：

(1)平动或者转动弹簧阻尼单元；

(2)动力放大系数；

(3)间隙量值；

(4)锁死前的拉伸或压缩极限；

(5)失效偏差或转角。

通过关键字"*MAT_SPRING"和"*MAT_DAMPER"确定是弹簧单元还是阻尼单元，同时定义相关曲线：

(1)线性或非线性弹簧；

(2)无弹性；

(3)普通非线性；

(4)Maxwell(刚度的指数衰减方式)；

(5)定义力和位移的函数关系；

(6)线性黏性阻尼；

(7)非线性黏性阻尼；

(8)定义力与速度的关系。

3.6.8　SPH 单元

SPH 算法是一种无网格 Lagrange 算法，对于研究大变形问题十分有效，如流体、弹道、破碎等。

SPH 单元关键字及需要定义的参数如下：

(1)SPH 单元的 ID 号；

(2)PART 的 ID 号，用于指定该单元所属的 PART；

(3)每个 SPH 粒子的质量。

使用"*SECTION_SPH"定义 SPH 粒子的参数：

(1)SECTION 的 ID 号；

(2)SPH 粒子的光滑程度。

3.7　LS-DYNA 界面介绍

3.7.1　LS-DYNA 主界面

LS-DYNA 主界面如图 3.18 所示，这个界面是所有分系统的集成，Solver 是求解器，LS-PrePost 是前后处理器集成，包含建模、网格处理、材料定义、截面定义、边界设置、荷载施加等，基于该界面，可以直接生成 K 文件，并且对结果进行后处理。下面将针对 LS-DYNA 主界面顶部的菜单栏和工具栏进行讲解。

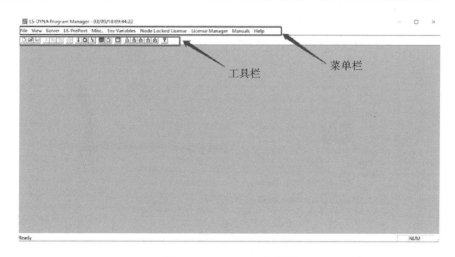

图 3.18　LS-DYNA 主界面

1. 菜单栏

本节针对菜单栏的选项进行说明，主要在于 Solver、LS-PrePost 以及 Manuals 的使用，其余选项主要是对其软件权限及许可说明。由于 File 以及 View 菜单栏选项使用较为简单，在此不做详细说明。LS-DYNA 的关键在于使用 LS-PrePost 进行前后处理，并使用求解器对 K 文件进行求解，以及打开 Manuals 查找相关关键字的使用说明。

（1）对于 K 文件的求解器（Solver），如图 3.19 所示，其作用为在 LS-PrePost 或者其他前处理软件中对结构已经进行模型建立后，将保存的 K 文件进行求解。如果要进行求解，只需单击第一个选项开始求解即可。打开之后出现如图 3.20 所示的对话框，此时可开始选择分析的文件。

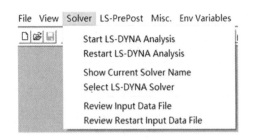

图 3.19   Solver

图 3.20   LS-DYNA 求解器

在进入图 3.20 所示的页面后，通过单击第一行的 Browse 查找 K 文件的位置，之后输出文件的形式会自动跳出，不用对其进行其他操作。此时只需要对其下的 NCPU 以及 MEMORY 进行定义。NCPU 存在 4 个选项，其为运行所占用 CPU 线程的数量。MEMORY 为分配给计算的运行内存，根据所需设定的大小来进行分配。在进行完以上设置后，再单击 RUN 即可开始运行，会自动弹出运行窗口(此为某一 K 文件的运行过程)。

(2)在单击菜单栏 LS-PrePost 选项之后，会弹出如图 3.21 所示的界面，此为 LS-DYNA 常用的前后处理器，单击第一个选项会弹出 LS-PrePost 应用的分析界面，对于其界面的介绍将在后续进行说明。对于第二行，顾名思义为选择 LS-PrePost 应用的版本，一般 LS-DYNA 中对于 LS-PrePost 有内置的版本。最后一行即显示目前 LS-DYNA 的计算机路径。一般来说只需要选择第一项即可。

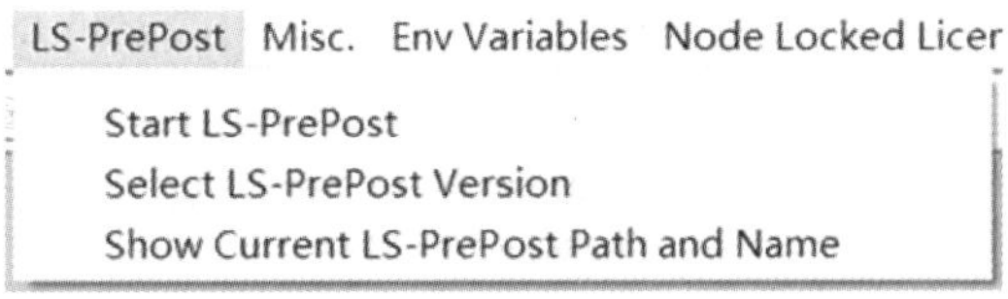

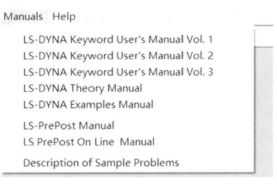

图 3.21　LS-PrePost 窗口

（3）Manuals 选项是经常会使用的关键字手册，尤其是初学者，在使用 LS-PrePost 过程中，读者往往会对不同关键字卡片的原理及参数设置产生疑惑，该手册可以帮助读者更好地了解不同关键字的定义，包括其计算公式和使用范围，用户可以根据自己的需要进行查找，其中不同的编号代表不同关键字功能的手册。图 3.22 为 Manuals 窗口内容。

图 3.22　Manuals 窗口内容

2. 工具栏

工具栏实际上为菜单栏常用选项的快捷键，如图 3.23 所示，在此仅对常用的几个快捷工具进行说明，其余的快捷键如手册、打印、打开等在此不做详细说明。

图 3.23　工具栏窗口

在如图 3.24 所示的快捷工具从左到右依次是：开始 LS-DYNA 分析、处理上一次的 LS-DYNA 分析，以及返回 LS-DYNA 分析。此对应的即菜单栏 Solver 中的 3 个选项。

图 3.24　工具栏快捷键窗口 1

如图 3.25 所示的快捷工具为打开 LS-PrePost，以及打开 D3PLOT 后处理文件。

图 3.25   工具栏快捷键窗口 2

其余的快捷键与之前菜单栏所述的选项一一对应，可以通过光标上的英文，在相应菜单栏中进行对应寻找。

3.7.2　LS-PrePost 界面

LS-PrePost 是用户进行前后处理的重要软件，其主要包括三个组成部分，如图 3.26 所示，每个部分对应不同的工具和功能，在此对其进行介绍。

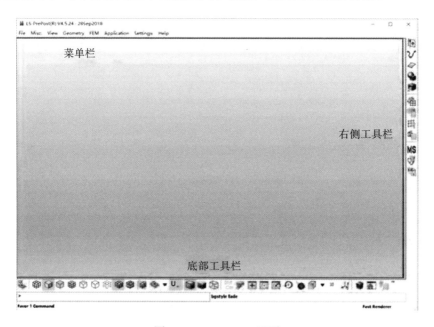

图 3.26   LS-PrePost 界面

1. 菜单栏

LS-PrePost 存在两个界面，可通过 F11 来进行切换，现在只对初始的默认界面进行介绍。

（1）File 对应的为文件菜单，即对模型进行保存以及输入和输出，如图 3.27 所示。在初次打开该对话框时，需要导入模型，处理完毕之后需要进行存储，当然打开等操作都在此界面进行。

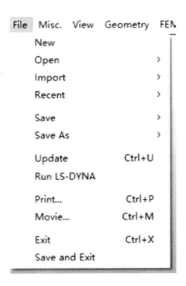

图 3.27　File 界面

（2）"Misc."辅助菜单选项中，用于对模型进行标尺，查看操作记录、界面分辨率和模型名字的设定，此菜单主要对整个模型进行定义和查看处理，不涉及任何的关键字定义，其选项的含义与直译类似，用户可根据自己的需要进行操作处理，如图 3.28 所示。

图 3.28　"Misc."菜单界面

（3）View 为显示菜单，即调整模型的不同显示模式，用户可根据自己的需求来进行模型处理，一般在操作处理时，不进行太多的调整。图 3.29 显示了菜单界面的所有内容。

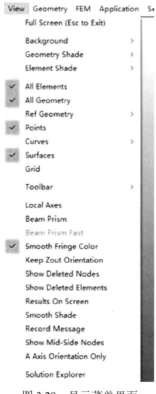

图 3.29   显示菜单界面

（4）Geometry 界面为集合建模功能菜单，其中包括参考坐标系、建立曲线、平面、固体和一些对于几何体处理的工具。其界面选项即 LS-PrePost 中的建模工具，与其他建模工具相比，其优势主要在于可以在建模后直接继续进行网格划分和关键字定义，不过在建模上往往比较麻烦，基本上用于比较简单的建模，如图 3.30 所示。

图 3.30   几何建模菜单界面

(5)FEM 选项，如图 3.31 所示，是 LS-PrePost 最主要的处理环节，它由四个主要的部分构成，包括划分单元和网格、模型和组件、单元工具以及后处理(查看分析结果)。

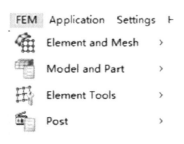

图 3.31　FEM 菜单界面

其他下拉菜单不再详细说明，具体应用可参见 LS-PrePost 使用手册，可从网站 www.ls-dyna.com.cn 上免费下载该软件和使用手册。

2. 右侧工具栏

如图 3.32(a)所示工具栏按钮，为 Element and Mesh 对应的细化工具，主要是对网格进行划分和不同的构造网格的方式，因为在 LS-PrePost 中，只有对网格进行划分才能对其继续之后关键字的定义，其提供了不同的网格工具，可以构造不同形式的网格模型。

图 3.32(b)为 Model and Part 对应的细化工具，作用是进行主要的前处理，其中展示了不同的关键字定义，以及各种对单元的处理方式，用户可以根据自己的需要进行选择和定义。前提是已经将网格划分好，其为有限元分析的一个基本步骤。

图 3.32(c)为 Element Tools 对应的细化工具，即对已经划分好的网格进行处理，如平移、复制、分离等，用户可以根据模型要求进行不同的调整，以达到自己想要的形式，更方便用户进行前处理。

图 3.32(d)为 Post 对应的后处理阶段，主要作用是在 LS-DYNA 求解之后，可以查看和导出不同的图形结果及数值结果。用户应该注意：只有 D3PLOT 文件才能进行分析和查看，在没有对 K 文件进行分析和求解时，不存在其求解之后的图像及数据信息，以及图 3.33 右侧工具栏界面。

通过以上可知 FEM 是在 LS-PrePost 中进行操作的主要部分，包括对关键字的定义、网格的划分，以及网格工具的使用。

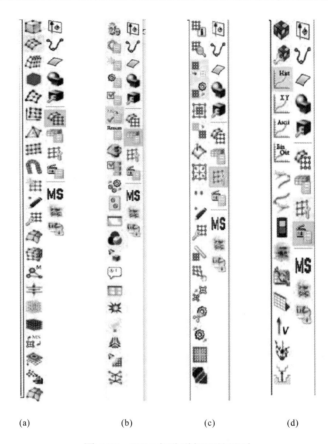

图 3.32   FEM 部分详细工具界面

图 3.33   右侧工具栏界面

　3. 底部工具栏

　　底部工具栏如图 3.34 所示，主要是对模型线框、着色、网格进行调整展示。由于按钮比较多，这里不进行一一介绍，只有在实际应用中不断使用才能熟练掌握，在此简单介绍应用较多的按钮，如图 3.34 所示。

图 3.34　底部工具栏界面

　　在图 3.35(a)中主要是对模型的视窗进行调整，用户可以选择它的视图以便更好地进行模型处理，如顶视图、左视图、侧视图等。图 3.35(b)主要是切换模型的显示方式，如隐藏网格等操作，用户可以根据自己的操作习惯进行一些习惯性设置。

　　同时用户可通过 Ctrl+鼠标左键或 Shift+鼠标左键对模型进行三维视图旋转，以便更好地观察模型，通过此操作与底部工具栏的操作相结合，能对图形进行更好地认知和使用。

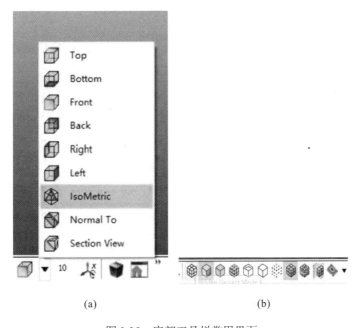

(a)　　　　　　　　　　　　　　(b)

图 3.35　底部工具栏常用界面

　　以上三个部分为 LS-PrePost 操作界面的主要介绍，由于还存在一些关键的界面操作，下面进行关键字定义、单元定义、边界条件设置等常用界面的补充。

4. 常用操作界面

1) 关键字定义界面

在单击关键字定义时，会出现如图 3.36 所示的操作界面。用户可以通过"Edit："右侧方框搜寻关键字，搜索完成后双击进入，以 PART 关键字为例，如图 3.37 所示。

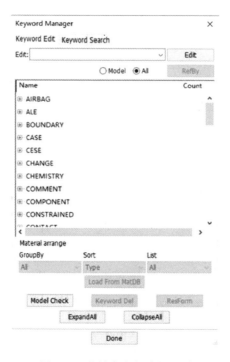

图 3.36　关键字定义阶段界面

图 3.37　PART 关键字界面

用户在 PART 关键字中的界面与其余界面相同，在对任何一个关键字进行定义时，都需要单击左上角的 NewID，来创建新的卡片，白色条框为需要填写的信息，上方的蓝底英文为对应的参数含义，对于不清楚的含义，可以单击其字符，在最下方的白色条框会显示说明，如图 3.37 最下方所示的 PID 的含义。

当定义完成后，需要单击 Accept 来确定完成，最后的右侧方框会出现如图 3.37 所示的 PID "1"。

2) 结果图形显示及处理

后处理得到的图形界面如图 3.38 所示，此处选择某节点 z 方向的坐标时程图像进行说明，在得到图形时，可以通过图像之下的按钮对图像进行处理，包括输出、缩放、滤波等操作。当然在图形处理前需要知道如何显示图形，在求解完成后，用户需要单击右侧工具栏的 Post 按钮，并单击其展开的 History 选项，即如图 3.39 所示。随后用户需要关注物理量的选择，再单击左下角的 Plot 即可呈现如图 3.38 所示的图形界面。

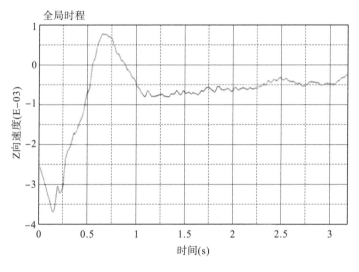

图 3.38 图形界面

以上即 LS-DYNA 和 LS-PrePost 两个软件的界面介绍，至于其功能，还需要用户自行探索使用，在知道原理的情况下才能更好地操作，否则此软件将一直是一个"黑匣子"，存在学不完的界面操作。

图 3.39　图形操作界面

第4章 地震倒塌分析实例

4.1 概 述

LS-DYNA 可以分析各类地上建筑、结构在地震中的响应，得到各种结构形式在地震中的动力响应，如建筑顶点位移时程曲线，构件应力、变形和内能等，引入材料失效准则后，就能模拟结构的倒塌，从而观察结构在地震中的破坏过程，包括超高层建筑结构这类自由度非常多的结构。此外，LS-DYNA 程序还提供了各种各样的土体、岩石材料，且提供了不反射边界用来模拟无限的地下空间，能够很好地对地下结构、边坡、土石坝等进行非线性地震反应分析。

4.2 预制板砌体结构地震倒塌数值模拟

一直以来，多层砌体结构在我国的民用建筑中占有极大比重，特别是在偏远乡镇、山区等地，其比例至今仍高达 80%以上。因此，研究多层砌体结构在地震中的响应就十分有必要，本节给出预制板多层砌体结构在地震作用下响应的数值模拟，包括前处理、求解及后处理的整个过程。

4.2.1 模型选定及假设

假定某地有一个预制板砌体结构建筑，层高 3000mm，共 4 层，墙厚为 240mm，楼、屋面板厚均为 120mm，预制板的平面尺寸为 3000mm×480mm，进深梁截面尺寸为 500mm×240mm，门洞尺寸为 2700mm×1000mm，窗洞尺寸为 1800mm×1500mm，模型如图 4.1 所示。

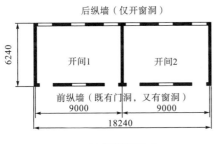

(a) 模型平面尺寸

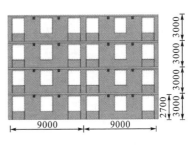

(b) 模型正视图

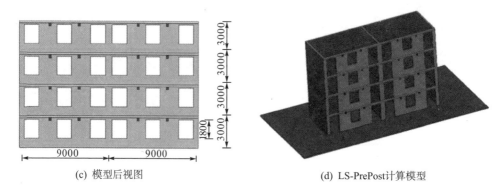

(c) 模型后视图   (d) LS-PrePost计算模型

图 4.1 预制板砌体结构几何模型（单位：mm）

建模步骤为：建立三维几何模型→网格模型→LS-PrePost 前处理→LS-DYNA 求解→LS-PrePost 后处理。本例重点介绍 LS-PrePost 前处理及后处理流程。整个建模过程采用国际单位制，请注意单位的协调一致。

4.2.2 定义关键字及求解

1. 定义单元类型

所有模型部分均采用 SOLID 单元。

2. 定义材料、材料失效准则、截面

1）定义材料

对本算例中大地材料特性的定义，具体操作如下：选择右侧菜单项 Model→Keyword，弹出 Keyword Manager 对话框（其后的操作都基于该对话框进行，不再赘述），单击 All→MAT，下拉选择 020-RIGID 材料卡片，弹出对话框，单击 Add，在材料特性对话框中输入相关材料参数，依次在每一栏中填写材料名、材料序号、材料密度、弹性模量、泊松比、输入参数值、施加约束，如图 4.2 所示。填写完成后，依次单击 Accept→Done，关闭该对话框。

图 4.2 大地材料特性卡片

同理，在 Keyword Manager 的 MAT 中选择 111_JOHNSON_HOLMQUIST_ CONCRETE 材料卡片模拟砌体材料，并输入砌体材料相关物理参数，如图4.3 所示。

图 4.3　砌体材料特性卡片

选择 001_ELASTIC 模拟横梁以及预制板材料，填写相关参数，如图 4.4 横梁材料特性卡片和图 4.5 预制板材料特性卡片所示。

图 4.4　横梁材料特性卡片

图 4.5　预制板材料特性卡片

2）定义材料失效准则

为模拟砌体开裂倒塌，需定义模型材料失效准则，具体做法为：选择 ALL→ MAT，下拉选择 000-ADD_EROSION，首先定义砌体材料失效准则，在 TITLE 中输入名称，在 MID 中选择需要设置失效的材料，对于砌体材料失效，通过定义失效主应变 MXEPS 进行控制，输入数值，在材料卡片中 EXCL 可任意输入数值如 1、2、3，但不能输入数值 0，其余不需要的材料失效标准 MXPRES、MNEPS、EFFEPS、VOLEPS、NUMFIP、NCS、MNPRES、SIGP1、SIGVM、EPSSH、SIGTH、IMPUSLE、FAILTM 均填写为与 EXCL 中相同的数值，参数输入结果如图4.6 砌体材料失效准则卡片所示。

图 4.6　砌体材料失效准则卡片

同理，定义横梁材料、预制板材料失效准则，如图 4.7 横梁材料失效准则卡片和图 4.8 预制板材料失效准则卡片所示。

图 4.7　横梁材料失效准则卡片

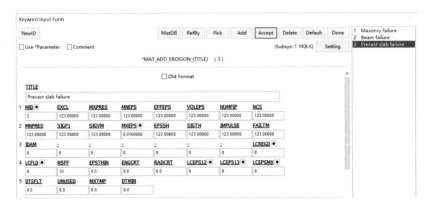

图 4.8　预制板材料失效准则卡片

3）定义截面

对本例中的截面特性定义，具体做法为：在 Keyword Manager 对话框中，单击 All→SECTION，下拉选择 SOLID 截面卡片，弹出对话框后，依次填写截面名称 Model section、截面序号 SECID 为 1，输入参数值如图 4.9 所示。

图 4.9　截面卡片

填写完成后，依次单击 Accept→Done，关闭该对话框，完成模型截面的定义。

3. 定义 PART 信息

本例中 PART 的划分已经在网格划分时确定，该步操作主要是为 PART 赋予材料及截面。对本例中 PART 的参数定义，具体做法为：单击 Model→PART，单击 PART 卡片，弹出相应对话框，单击右侧选项 Beam，在 PART 对话框中输入相关参数，依次在每一栏中填写截面、材料等。在 PART 定义界面，单击 SECID 右边的黑色链接点，在对应的 Link 对话框中选择之前定义的 Section，单击 Done，即完成截面的赋予。单击 MID 右边的链接点，在对应的 Link 对话框中双击选择之前定义的材料 MAT，即完成材料的赋予，其余 PART 同理。填写完成后，单击 Accept，完成对模型各个部分截面、材料的定义。其中 Beam、Longitudinal Wall、Cross Wall、Ring Beam、Precast slab、Ground 分别对应砌体结构模型的横梁、纵墙、横墙、圈梁、预制板、大地。输入卡片如图 4.10 所示。

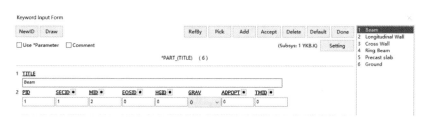

图 4.10　横梁 PART 卡片

4. 定义接触

本算例中需要定义预制板与圈梁的接触作用，具体做法为：单击 Model→

CONTACT，下拉选择 TIEBREAK_SURFACE TO SURFACE，在卡片中 SSTYP 和 MSTYP 均选择 3，然后单击 SSID 右边的黑色链接点，弹出 Link 对话框后，选择 5(Precast slab)，同理 MSID 选择 4(Ring Beam)，如图 4.11 所示。

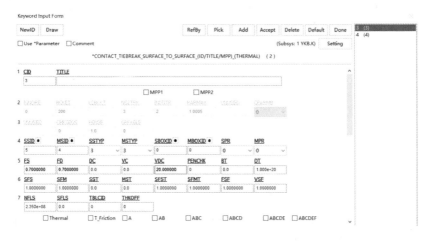

图 4.11　预制板与圈梁接触卡片

同理，定义预制板与横梁的接触作用，在卡片中 SSTYP、MSTYP 均选择 3，SSID 选择 1(Beam)，MSID 选择 5(Precast slab)，如图 4.12 所示。

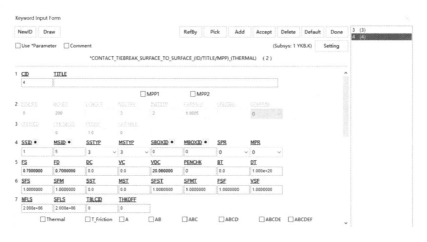

图 4.12　预制板与横梁接触卡片

5. 定义材料转化为刚体

本算例需将预制板在计算开始时转化为刚体，具体做法如下：单击 All→DEFORMABLE，下拉选择 TO_RIGID，单击卡片中 PID 右边的黑色链接点，弹出 Link 对话框，选择 PART(Precast slab)，如图 4.13 所示。

图 4.13　预制板转化为刚体卡片

6. 定义边界条件

1) 创建 NODE_LIST，定义约束的节点组

创建砌体结构底面的约束节点组，具体做法为：单击 Model→Creat Entity，选择 Set Data，单击 SET_NODE，再单击右上角 Cre，在"Sel.Nodes"中左侧选择 Area，最右侧选择 By Node，再选择模型中的节点，选择完成后单击 Apply 即可完成节点组创建。

2) 定义约束类型和参数

在以上约束部位设置完成后，定义砌体结构底面的约束类型和参数，单击 All→BOUNDARY，选择 SPC_SET 卡片，弹出相应对话框，在对话框中 NSID 选择已经定义好的砌体结构底面 NODE-SET，并定义约束相关自由度，约束 x、y、z 方向位移，不约束转动，参数输入如图 4.14 所示。

图 4.14　定义约束卡片

7. 定义阻尼

本算例需定义全局阻尼，具体做法为：单击 All→DAMPING，下拉选择 GLOBAL 卡片，输入相关参数，其中 VALDMP 输入 0.6，参数输入如图 4.15 所示。

图 4.15　定义阻尼卡片

8. 定义荷载曲线

对本例中重力加速度 G 曲线的定义，具体做法为：单击 All→DEFINE，下拉选择 CURVE 卡片，弹出相应对话框，在加载曲线对话框中输入相关参数，依次在第一行每一栏中填写曲线名为 G、曲线序号为 1，以及 SFA、SFO，在第二行中填写曲线的关键节点，定义加载曲线的形状，输入参数如图 4.16 所示。填写完成后，单击 Accept，完成对重力加速度的定义。

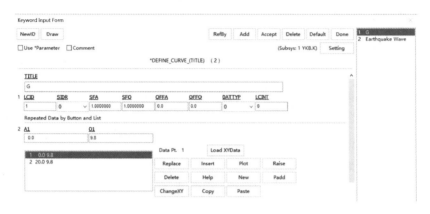

图 4.16　定义重力曲线卡片

重复以上操作定义地震波曲线，曲线卡片取名为 Earthquake Wave，曲线序号为 2，输入相关的参数，如图 4.17 所示。

图 4.17　定义地震波曲线卡片

9. 施加荷载

施加重力荷载，具体做法为：单击 All→LOAD，下拉选择 BODY_Z 卡片，弹出相应对话框后，在 LCID 中选定义的重力加速度 G 曲线，填写缩放系数 SF

为 1.0，参数输入如图 4.18 所示。

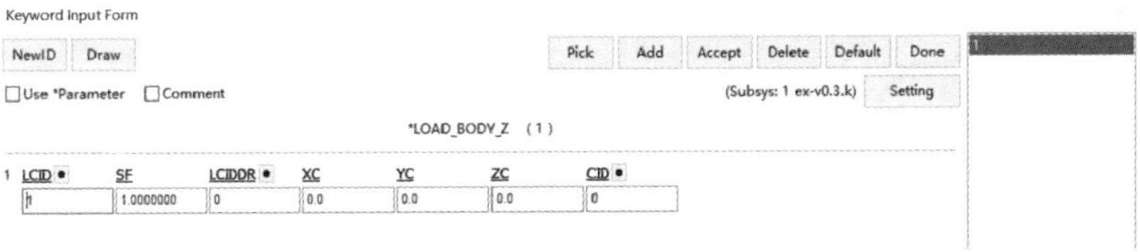

图 4.18　施加重力荷载卡片

施加地震荷载，具体做法为：单击 All→LOAD，下拉选择 BODY_X 卡片，弹出相应对话框后，在 LCID 中选择定义的地震波曲线 Earthquake Wave，填写缩放系数 SF 为 1.0，参数输入如图 4.19 所示。

图 4.19　施加地震荷载卡片

10. 定义控制求解参数

对本例中的求解参数的设置，具体做法为：单击 All→CONTROL，分别选择 BULK_VISCOSITY、ENERGY、HOURGLASS、TERMINATION、TIMESTEP，从而定义体积黏度系数、能量耗散、沙漏、求解时长、求解时间步长等控制参数，在卡片对话框中依次输入相关的参数。

11. 设置输出文件类型和内容

主要结果文件的输出在 All→DATABASE→ASCII_OPTION、BINARY_D3PLOT、BINARY_D3THDT、EXTENT_BINARY、FORMAT 等卡片进行相关设置。

12. 递交 LS-DYNA 程序求解

上述卡片设置完成后，选择菜单项 File→Save→Save Keyword，保存 K 文件并提交求解。

设置 LS_DYNA 求解器所在位置，调用求解器，设置 CPU 数量等，再将设置好的 K 文件添加到任务栏中，设置完成单击开始计算即可。在 Job Table 选项卡中，可观察计算时的具体信息，ETA 栏表示 LS_RUN 预估计算时间。勾选 Local

右侧选项，即可通过 Windows 命令窗口观察计算过程。计算完成后可直接查看 message 文件信息，如图 4.20 所示。

图 4.20   LS-RUN 求解

13. 后处理

计算结束后，程序按照要求输出用于 LS-PrePost 后处理的结果文件，按照如下步骤在 LS-PrePost 中进行后处理。

1) 读入结果文件

通过 LS-PrePost 菜单项 File→Open→Binary Plot，在弹出的对话框中选择打开工作目录下的二进制结果文件 D3plot，将结果信息读入 LS-PrePost 后处理器，在绘图区域出现计算模型的俯视图。

2) 观察砌体结构倒塌过程

通过动画播放控制台，可以观察砌体结构在地震中的振动倒塌过程，如图 4.21 所示。

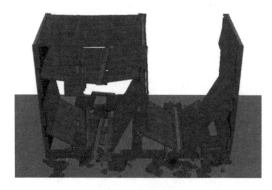

图 4.21   预制板砌体结构倒塌动画

部分关键字如下：

*KEYWORD
*TITLE
$#   title
LS-DYNA keyword deck by LS-PrePost
*CONTACT_TIEBREAK_SURFACE_TO_SURFACE_ID

3							
5	4	3	3	0	0	0	0
0.7	0.7	0.0	0.0	20.0	0.0	0.0	1.00000E20
1.0	1.0	0.0	0.0	1.0	1.0	1.0	1.0
2.350000E8	0.0	0	0				

*CONTACT_TIEBREAK_SURFACE_TO_SURFACE_ID

4							
1	5	3	3	0	0	0	0
0.7	0.7	0.0	0.0	20.0	0.0	0.0	1.00000E20
1.0	1.0	0.0	0.0	1.0	1.0	1.0	1.0
2000000	2000000	0	0				

*MAT_ADD_EROSION_TITLE
Masonry failure

1	123.0	123.0	123.0	123.0	123.0	123.0	123.0
123.0	123.0	123.0	0.006	123.0	123.0	123.0	123.0
0	0	0	0	0	0	0	0
0	10	0.0	0.0	0.0	0	0	0
0.0	0.0	0.0	0.0				

*MAT_ADD_EROSION_TITLE
Beam failure

2	123.0	123.0	123.0	123.0	123.0	123.0	123.0
123.0	123.0	123.0	0.01	123.0	123.0	123.0	123.0
0	0	0	0	0	0	0	0
0	10	0.0	0.0	0.0	0	0	0
0.0	0.0	0.0	0.0				

*MAT_ADD_EROSION_TITLE
Precast slab failure

3	123.0	123.0	123.0	123.0	123.0	123.0	123.0
123.0	123.0	123.0	0.01	123.0	123.0	123.0	123.0

0	0	0	0	0	0	0	0
0	10	0.0	0.0	0.0	0	0	0
0.0	0.0	0.0	0.0				

4.3 现浇板砌体结构地震倒塌数值模拟

砌体结构的楼板除了常见的预制板以外，也常用现浇楼板。为此，基于数值模拟，研究现浇楼板的砌体结构在地震作用下的响应十分必要，本例给出现浇板多层砌体结构在地震作用下响应的数值模拟的前处理、求解及后处理的整个过程。

4.3.1 模型选定及假设

假定某地有四层居民房屋，层高 3000mm，墙厚为 240mm，楼、屋面板厚均为 120mm，进深截面梁尺寸为 500mm×240mm，门洞尺寸为 2700mm×1000mm，窗洞尺寸为 1800mm×1500mm，模型如图 4.22 所示。

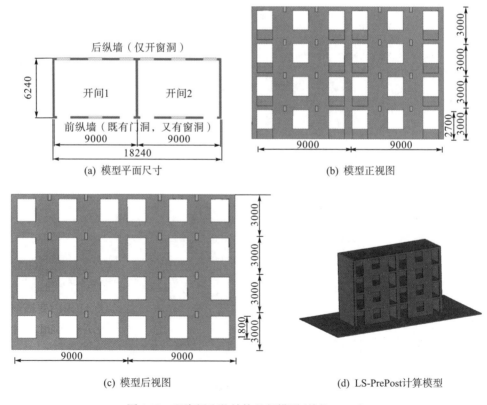

(a) 模型平面尺寸　　　　　　　　　　　　　(b) 模型正视图

(c) 模型后视图　　　　　　　　　　　　　(d) LS-PrePost计算模型

图 4.22 现浇板砌体结构几何模型(单位：mm)

建模步骤为：建立三维几何模型→网格模型→LS-PrePost 前处理→LS-DYNA 求解→LS-PrePost 后处理。本例重点介绍 LS-PrePost 前后处理及其流程。整个建模过程采用 m-kg-s 单位制，请注意单位的协调一致。

4.3.2　定义关键字及求解

1. 定义单元类型

所有模型部分均采用 SOLID 单元。

2. 定义材料、材料失效准则、截面

1）定义材料

对本例中大地材料特性的定义，具体操作如下：选择右侧菜单项 Model→ Keyword，弹出 Keyword Manager 对话框（其后的操作都基于该对话框进行，不再赘述），单击 All→MAT，下拉选择 020-RIGID 材料卡片，弹出相应对话框，单击 Add，在材料特性对话框中输入相关材料参数，依次在每一栏中填写材料名、材料序号、材料密度、弹性模量、泊松比，输入参数值并施加约束，如图 4.23 所示。填写完成后，依次单击 Accept→Done，关闭该对话框。

图 4.23　大地材料卡片

同理，选择 111_JOHNSON_HOLMQUIST_CONCRETE 材料卡片模拟砌体材料，并输入砌体材料相关参数，如图 4.24 所示。

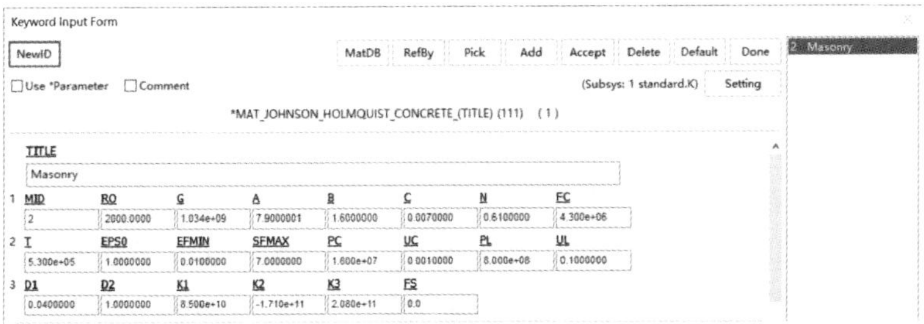

图 4.24　砌体材料卡片

选择 001_ELASTIC 模拟横梁以及现浇板材料，填写相关参数，如图 4.25 所示。

图 4.25　梁以及现浇板材料卡片

2) 定义材料失效准则

对于本例，在地震中，建筑倒塌，所以需要定义模型材料的失效准则，具体做法为：同样在 KEYWORD→MAT 中选择 000-ADD_EROSION，首先定义砌体材料失效准则，对于砌体材料失效，通过定义失效主应变 MXEPS 来模拟，数值为 0.006，在材料卡片中 EXCL(排除号，适用于卡 1、卡 2 和卡 7 上定义的故障值)可任意输入数值如 1、2、3，但不能输入 0，其余不需要的材料失效标准 MXPRES、MNEPS、EFFEPS、VOLEPS、NUMFIP、NCS、MNPRES、SIGP1、SIGVM、EPSSH、SIGTH、IMPULSE、FAILTM 均填写与 EXCL 中相同的数值，参数输入如图 4.26 所示。

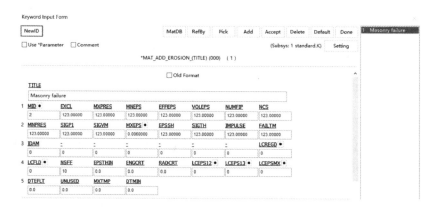

图 4.26　砌体材料失效卡片

3) 定义截面

对本例中的截面特性进行定义，具体做法为：在 Keyword Manager 对话框中，单击 All→SECTION，下拉选择 SOLID 截面卡片，弹出相应对话框后，依次填写截面名称 Model section，截面序号为 1，参数输入如图 4.27 所示。

图 4.27　定义截面卡片

3. 定义 PART 信息

　　本例中 PART 的划分已经在网格划分时确定，该步操作主要是为 PART 赋予材料及截面。对本例中 PART 的参数定义，具体做法为：单击 Model→PART，单击 PART 卡片，弹出相应对话框，右侧选项单击 Cast in situ slab，在 PART 对话框中输入相关的参数，依次在每一栏中填写截面、材料参数等，如图 4.28 所示。在 PART 定义界面单击 SECID 右边的链接点，在对应的 Link 对话框中选择之前定义的 Section，即完成截面的赋予，单击 MID 右边的链接点，在对应的 Link 对话框中双击选择之前定义的材料 MAT，即完成材料的赋予，其余 PART 同理。填写完成后，单击 Accept，完成对模型各个部分截面、材料的定义。其中 Cast in situ slab、Beam、Longitudinal Wall、Cross Wall、Ground 分别对应砌体结构模型的现浇板、横梁、纵墙、横墙、大地。参数输入如图 4.28 所示。

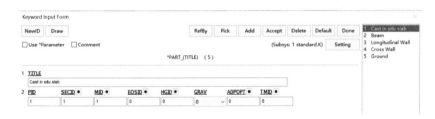

图 4.28　现浇板 PART 卡片

4. 定义边界条件

1) 创建 NODE_LIST，定义约束的节点

　　创建砌体结构底面的约束节点组，具体做法为：单击右侧工具栏 Model→Creat Entity，单击选择 Set Data，单击 SET_NODE，再单击右上角 Cre，在 "Sel.Nodes" 对话框中左侧选择 Area，最右侧选择 By Node，再选择模型中的节点，选择完成后单击 Apply 即可完成节点组的创建。

2) 定义约束类型和参数

　　在以上约束部位设置完成后，定义砌体结构底面的约束类型和参数，单击 All→

BOUNDARY，选择 SPC_SET 卡片，弹出相应对话框，在对话框中 NSID 选择已经定义好的砌体结构底面 NODE-SET 节点组，并定义约束相关自由度，约束 x、y、z 方向位移、约束转动，参数输入如图 4.29 所示。

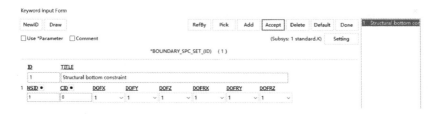

图 4.29   定义结构约束卡片

5. 定义阻尼

本算例需定义全局阻尼，具体做法为：单击 All→DAMPING，下拉选择 GLOBAL 卡片，输入相关参数，参数输入如图 4.30 所示。

图 4.30   定义阻尼卡片

6. 定义荷载曲线

对本例中重力加速度 G 曲线的定义，具体做法为：单击 All→DEFINE，下拉选择 CURVE 卡片，弹出相应对话框，在加载曲线对话框中输入相关的参数，依

图 4.31   定义重力加速度曲线卡片

次在第一行每一栏中填写曲线名 G、曲线序号 1，以及 SFA、SFO，在第二行中填写曲线的关键节点，定义加载曲线的形状，输入参数如图 4.31 所示。填写完成后，单击 Accept，完成对重力加速度的定义。

重复以上操作定义地震波曲线，曲线卡片取名为 Earthquake Wave，曲线序号为 2，输入相关的参数，如图 4.32 所示。

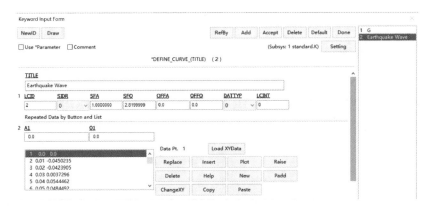

图 4.32　定义地震波曲线卡片

7. 施加荷载

施加重力荷载，具体做法为：单击 All→LOAD，下拉选择 BODY_Z 卡片，弹出相应对话框后，在 LCID 中选择定义的重力加速度 G 曲线，填写 SF，参数输入如图 4.33 所示。

图 4.33　施加重力荷载卡片

施加地震荷载，具体做法为：单击 All→LOAD，下拉选择 BODY_X 卡片，弹出相应对话框后，在 LCID 中选择定义的地震波曲线 Earthquake Wave，填写 SF，参数输入如图 4.34 所示。

图 4.34   施加地震荷载卡片

8. 定义控制求解参数

对本例中的求解参数进行设置，具体做法为：单击 All→CONTROL，分别选择 BULK_VISCOSITY、ENERGY、HOURGLASS、TERMINATION、TIMESTEP，从而定义体积黏度系数、能量耗散、沙漏、求解时长、求解时间步长等控制参数，在卡片对话框中依次输入相关参数。

9. 设置输出文件类型和内容

主要结果文件的输出在 All→DATABASE→ASCII_OPTION、BINARY_D3PLOT、BINARY_D3THDT、EXTENT_BINARY、FORMAT 等卡片进行相关设置。

10. 递交 LS-DYNA 程序求解

上述卡片设置完成后，选择菜单项 File→Save→Save Keyword，保存 K 文件。可使用 LS_RUN 软件提交求解。

设置 LS_DYNA 求解器所在位置，调用求解器，设置 CPU 数量等，再将设置好的 K 文件添加到任务栏中，设置完成单击开始计算即可。在 Job Table 选项卡中，可观察计算时的具体信息，ETA 栏表示 LS_RUN 预估的计算时间。勾选 Local 右侧选项，即可通过 Windows 命令窗口观察计算过程。计算完成后可直接查看 message 文件信息，如图 4.35 所示。

图 4.35   LS-RUN 求解卡片

11. 后处理

计算结束后，程序按照要求输出用于 LS-PrePost 后处理的结果文件，按照如下步骤在 LS-PrePost 中进行后处理。

1) 读入结果文件

通过 LS-PrePost 菜单项 File→Open→Binary Plot，在弹出的对话框中选择打开工作目录下的二进制结果文件 D3plot，将结果信息读入 LS-PrePost 后处理器，在绘图区域出现计算模型的俯视图。

2) 观察砌体结构倒塌过程

通过动画播放控制台，可以观察砌体结构在地震中的振动倒塌过程，如图 4.36 所示。

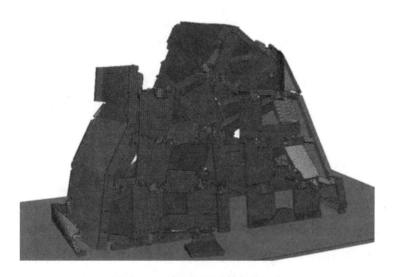

图 4.36　现浇板砌体结构倒塌动画

部分关键字如下：

*KEYWORD

*TITLE

$#   title

LS-DYNA keyword deck by LS-PrePost

*MAT_ADD_EROSION_TITLE

Masonry failure

$#	mid	excl	mxpres	mneps	effeps	voleps	numfip	ncs
	2	123.0	123.0	123.0	123.0	123.0	123.0	123.0

$#	mnpres	sigp1	sigvm	mxeps	epssh	sigth	impulse	failtm
	123.0	123.0	123.0	0.006	123.0	123.0	123.0	123.0
$#	idam	-	-	-	-	-	-	lcregd
	0	0	0	0	0	0	0	0
$#	lcfld	nsff	epsthin	engcrt	radcrt	lceps12	lceps13	lcepsmx
	0	10	0.0	0.0	0.0	0	0	0
$#	dteflt	unused	mxtmp	dtmin				
	0.0	0.0	0.0	0.0				

*MAT_ELASTIC_TITLE

Beam and Cast in situ slab

$HMNAME MATS   5slab

$#	mid	ro	e	pr	da	db	not used
	1	3250.0	3.00000E10	0.2	0.0	0.0	0.0

*MAT_JOHNSON_HOLMQUIST_CONCRETE_TITLE

Masonry

$#	mid	ro	g	a	b	c	n	fc
	2	2000.0	1.034000E9	7.9	1.6	0.007	0.61	4300000
$#	t	eps0	efmin	sfmax	pc	uc	pl	ul
	530000.0	1.0	0.01	7.0	1.6000E7	0.001	8.00000E8	0.1
$#	d1	d2	k1	k2	k3	fs		
	0.04	1.0	8.50000E10	-1.7100E11	2.08000E11	0.0		

*MAT_RIGID_TITLE

Ground

$HMNAME MATS   6floor

$#	mid	ro	e	pr	couple	m	alias
	3	7800.0	2.00000E11	0.3	0.0	0.0	0.0
$#	cmo	con1	con2				
	1.0	7	7				
$#	lco or a1	a2	a3	v1	v2	v3	
	0.0	0.0	0.0	0.0	0.0	0.0	

第5章 冲击与爆破分析实例

5.1 船舶碰撞桥墩

随着交通运输业迅速发展，船舶航线越来越密集，跨江、跨海大桥数量逐年上升，发生船桥撞击事故概率增加。近些年频发的船桥撞击事故让各行业专家以及从业人员愈发重视发生事故时船舶与桥梁的安全问题，由于船桥相撞试验的时间、人力和物力成本过高，船桥撞击的数值模拟成为分析此类问题的主流方法。本例给出船舶撞击桥墩数值模拟的前处理、求解及后处理的整个过程。

5.1.1 模型选定及假设

假定船舶全长 60m，船身长度 53m，船艏长度为 7m。钢筋混凝土桥墩高 10m，直径为 1.7m，如图 5.1 所示。船舶以 3m/s（静水速度）顺水流方向行进，河水以 1m/s 的速度自由流向下游。三维几何模型如图 5.2 所示。

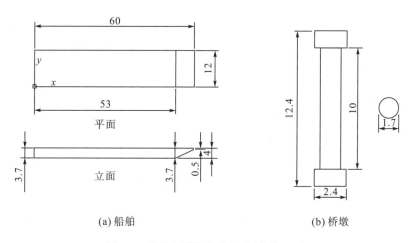

(a) 船舶   (b) 桥墩

图 5.1 船舶与桥墩结构尺寸(单位：m)

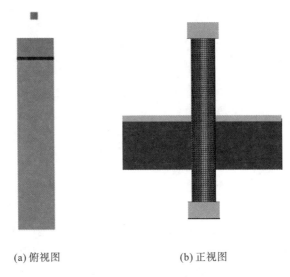

(a) 俯视图   (b) 正视图

图 5.2   船舶与桥墩三维几何模型

模型中，船身采用壳单元，桥墩采用实体单元，钢筋采用梁单元模拟。桥墩下承台施加固定约束边界条件。混凝土与钢筋之间采用"*CONSTRAINED_LAGRANGE_IN_SOLID"耦合算法实现两者的相互作用。整个建模过程采用 m-kg-s 单位制，请注意单位的协调一致。

建模步骤为：三维几何模型→网格模型→LS-PrePost 前处理→LS-DYNA 求解→LS-PrePost 后处理。本例重点介绍 LS-PrePost 前处理及其后处理流程。

5.1.2   参数说明

船身采用 SHELL 单元，桥墩采用 SOLID 单元，钢筋采用 BEAM 单元。船舶材料采用 MAT_PLASTIC_KINEMATIC，船身采用弹性材料进行描述。其他具体参数详见 K 文件。

5.1.3   建模及求解

在 LS-PrePost 的图形用户界面中，按照如下步骤进行以上问题的建模和求解（假定已完成网格模型的划分）。

1. 导入网格模型

将网格模型导出为 K 文件，在 LS-PrePost 中打开，具体操作为：通过 LS-PrePost 菜单项 File→Open→Command File 打开工作目录下的网格模型。LS-PrePost 计算模型如图 5.3 所示。

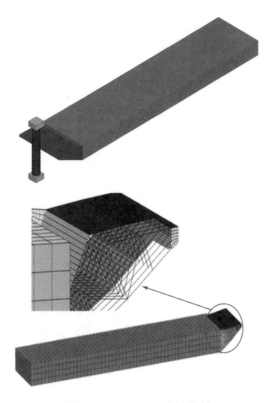

图 5.3　LS-PrePost 计算模型

2. 定义单元类型

船身采用 SHELL 单元，桥墩采用 SOLID 单元，钢筋采用 BEAM 单元。

3. 定义材料及截面模型

1）定义材料模型

对本例中混凝土（桥墩及承台所用混凝土）的材料特性定义，具体做法为：选择右侧菜单项 Model→Keyword，弹出 Keyword Manager 对话框（其后的操作都基于该对话框进行，不再赘述），单击 All→MAT，下拉选择 159-CSCM_CONCRETE 材料卡片，弹出相应对话框，单击 Add，在材料特性对话框中输入相关材料参数，依次在每一栏中填写材料名、材料序号、材料密度等。填写完成后，依次单击 Accept →Done，完成混凝土材料的定义。

重复上述操作，在 MAT 中选择 001-ELASTIC 材料卡片，定义船身的材料参数，材料卡片名为 Hull，材料序号为 2，输入相关的参数。同理，选择 003-PLASTIC_KINEMATIC 材料卡片，定义纵筋及船艏的材料参数，材料卡片名为 HRB400_Bow，材料序号为 3，输入相关的参数；选择 003-PLASTIC_

KINEMATIC 材料卡片，定义桥墩内箍筋的材料参数，材料卡片名为 HRB335，材料序号为 4，输入相关的参数。材料模型如图 5.4～图 5.7 所示。

图 5.4　混凝土材料模型卡片

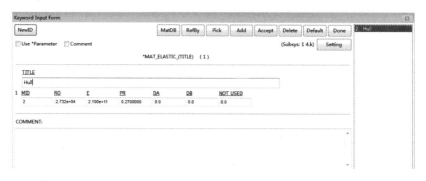

图 5.5　船身材料模型卡片

图 5.6　桥墩纵筋及船艏材料模型卡片

图 5.7　桥墩箍筋材料模型卡片

2）定义截面

对本例中混凝土的截面特性进行定义，具体做法为：继续在 Keyword Manager 对话框中，单击 All→SECTION，下拉选择 SOLID 截面卡片，弹出相应对话框，单击 Add，在截面特性对话框中输入相关的参数，依次在每一栏中填写截面名、截面序号、单元类型等，输入参数值如图 5.8 所示。填写完成后，依次单击 Accept→Done，关闭该对话框，完成混凝土截面的定义。

图 5.8　桥墩截面模型卡片

重复上面的操作，在 SECTION 中选择 BEAM 截面卡片，定义箍筋、纵筋的截面参数；选择 SHELL 截面卡片，定义船舶的截面参数，如图 5.9～图 5.12 所示。

图 5.9　船舶钢筋截面模型卡片

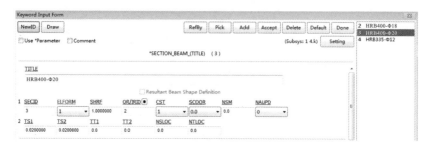

图 5.10　桥墩纵筋截面模型卡片

图 5.11　桥墩箍筋截面模型卡片

图 5.12　船舶截面模型卡片

4. 定义 PART 信息

本例中 PART 的划分已经在网格划分时确定，该步操作主要是为 PART 赋予材料及截面。对本例中桥墩混凝土 PART 的参数进行定义，具体做法为：单击 Model→PART，单击 PART 卡片，弹出相应对话框，右侧选项单击 dunzhu，在 PART 对话框中输入相关的参数，依次在每一栏中选择截面、材料、状态方程（如需）等，如图 5.13 所示。在 PART 定义界面上，单击 SECID 右边的链接点，在对应的 Link 对话框中选择之前定义的 Section，单击 Done，即完成截面的赋予，其余同理。填写完成后，单击 Accept，完成对墩柱及承台混凝土截面、材料的定义。

重复上述操作，定义墩柱纵筋的参数，单击右侧选项 dz-zj，截面模型为 3、材料模型为 3。同理，定义其他纵筋、箍筋、船舶、船身等参数。

图 5.13　桥墩混凝土 PART 卡片

5. 定义荷载曲线

对本例中重力加速度 G 曲线进行定义，具体做法为：单击 All→DEFINE，下拉选择 CURVE 卡片，弹出相应对话框，单击 Add，在加载曲线对话框中输入相关参数，依次在第一行每一栏中填写曲线名、曲线序号、SFA、SFO，在第二行中填写曲线的关键节点，定义加载曲线的关键点，输入参数如图 5.14 所示。填写完成后，单击 Accept，完成对重力加速度的定义。

图 5.14　重力加速度 G 曲线

6. 施加荷载

施加重力荷载，具体做法为：单击 All→LOAD，下拉选择 LOAD_GRAVITY_PART_SET 卡片，弹出相应对话框，单击 Add，在对话框中任意输入相关的参数，如图 5.15 所示。

图 5.15　荷载卡片

7. 定义接触与耦合信息

1）创建 PART_LIST

创建混凝土的 PART_LIST，具体做法为：单击 All→SET，下拉选择 PART_LIST 卡片，弹出相应对话框，单击 Add，在对话框中输入相关参数，依次填写组名、组序号，在第二行添加 PART 号，输入值如图 5.16 所示。选择完成后单击 Insert→Accept，完成对混凝土 PART_LIST 的定义。

图 5.16 混凝土 PART_LIST 卡片

重复上述操作，创建钢筋和船舶的 PART_LIST 等。

2）定义接触作用类型和接触参数

以上接触与耦合部位设置完成后，定义墩柱内钢筋与船舶的接触作用，单击 All→CONNECT，选择 AUTOMATIC_BEAMS_TO_SURFACE 卡片，弹出相应对话框，单击 Add，在对话框中输入相关的参数，如图 5.17 所示。

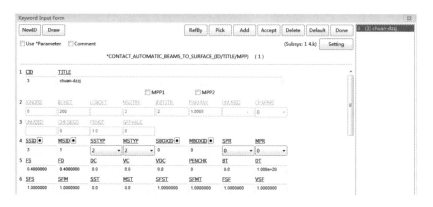

图 5.17 钢筋和混凝土接触作用定义

重复上述操作，选择 CONTACT_AUTOMATIC_SURFACE_TO_SURFACE 接触卡片，定义船舶与桥墩的接触，如图 5.18 所示。

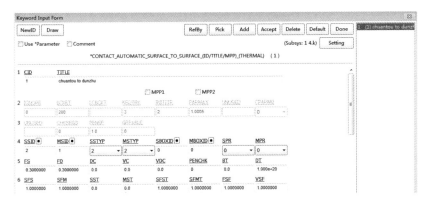

图 5.18　船舶与桥墩的接触作用定义

重复上述操作，在 CONNECT 中选择 AUTOMATIC_GENERAL 接触卡片，定义船体的自接触，如图 5.19 所示。

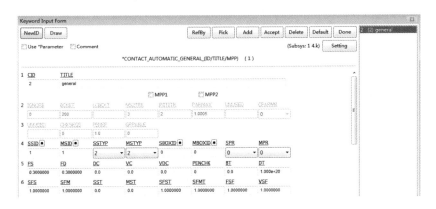

图 5.19　船体自接触作用定义

3) 定义耦合作用类型和耦合参数

定义钢筋与混凝土的耦合作用，单击 All → CONSTRAINED，选择 LAGRANGE_ IN_SOLID 卡片，弹出相应对话框，单击 Add，在对话框中输入相关的参数，如图 5.20 所示。

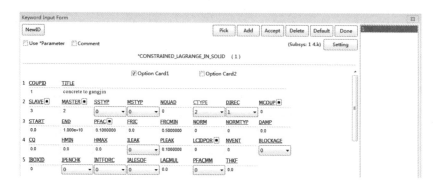

图 5.20　钢筋与混凝土耦合作用定义

8. 定义边界条件

1）创建 NODE_LIST，定义约束的节点

创建墩柱的约束节点组，具体做法为：单击 All→SET，下拉选择 NODE_LIST 卡片，弹出相应对话框，单击 Add，在对话框中填写好节点组名、节点组序号，单击 Pick，通过对应的 Link 对话框，在模型中选择坡面的节点。选择完成后，单击 Accept 关闭 Link 对话框，单击 NODE_LIST 卡片 Insert→Accept，完成柱底节点组的创建。

2）定义约束类型和参数

在以上约束部位设置完成后，定义墩柱柱底的约束类型和参数，单击 All→BOUNDARY，选择 SPC_SET 卡片，弹出相应对话框，单击 Add，在对话框中定义约束相关自由度，如图 5.21 所示。

图 5.21　柱底边界约束卡片

墩柱柱底约束设置完成后，定义墩柱柱顶的约束类型和参数，具体做法为：单击 CreEnt，下拉选择 ELEMENT→ELEMENT_MASS 卡片，弹出相应对话框，单击 Cre，在对话框中填写好重力值，单击 Pick，通过对应的 Link 对话框，在模型中选择承台顶的节点。选择完成后，单击 Accept 关闭 Link 对话框，完成承台顶质量点组的创建。

9. 初始化

定义本例中船舶的运动速度，具体做法为：单击 All→INITIAL，下拉选择 VELOCITY_GENERATION 卡片，弹出相应对话框，单击 Add，在对话框中选择 STYP 类型为"part ID，see *PART"，单位类型号为 1，接着单击 ID 右侧的链接点，在对应的 Link 对话框中选择 Ship，单击 Done 关闭该对话框；在 VX 栏中填写 x 轴向速度。填写完成后，单击 Accept，完成对船舶初速度的定义。输入参数如图 5.22 所示。

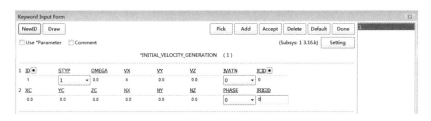

图 5.22　定义船舶运动速度卡片

10. 定义控制求解参数

对本例中的求解参数，具体做法为：单击 All→CONTROL，分别选择 CONTACT、HOURGLASS、TERMINATION、TIMESTEP 等卡片，即分别定义接触、沙漏、求解时长、求解时间步长等控制参数，在卡片对话框中依次输入相关的参数，输入值如图 5.23 和图 5.24 所示。

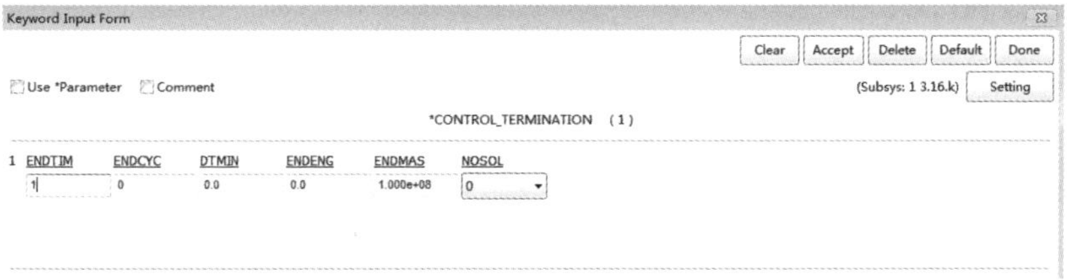

图 5.23　求解时间卡片

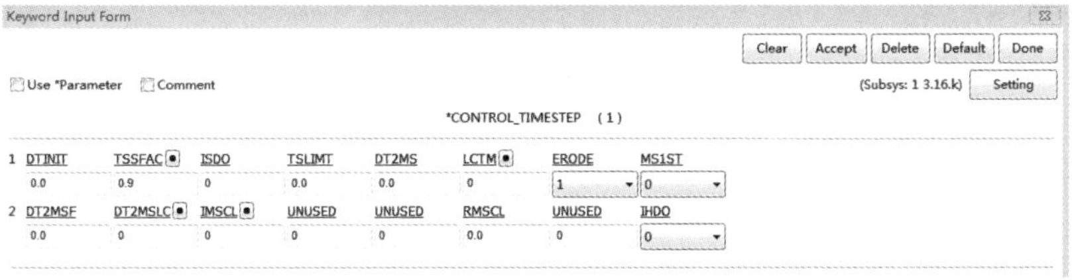

图 5.24　求解时间步长卡片

11. 设置输出文件类型和内容

主要结果文件的输出在 All→DATABASE→ASCII_OPTION、BINARY_D3PLOT、EXTENT_BINARY 等卡片进行相关设置。

12. 递交 LS-DYNA 程序求解

上述卡片设置完成后，选择菜单项 File→Save→Save Keyword，保存 K 文件。可使用 LS_RUN 软件提交求解。

设置 LS_DYNA 求解器所在位置，调用求解器，设置 CPU 数量等，再将设置好的 K 文件添加到任务栏中，设置完成单击开始计算即可。在 Job Table 选项卡中，可观察计算时的具体信息，ETA 栏表示 LS_RUN 预估计算时间。勾选 Local 右侧选项，即可通过 Windows 命令窗口观察计算过程。计算完成后可直接查看 message 文件信息，如图 5.25 所示。

图 5.25　LS_RUN 运行界面

13. 后处理

计算结束后，程序按照要求输出用于 LS-PrePost 后处理的结果文件，按照如下步骤在 LS-PrePost 中进行后处理。

1）读入结果文件

通过 LS-PrePost 菜单项 File→Open→LS-DYNA Binary Plot，在弹出的对话框中选择打开工作目录下的二进制结果文件 D3plot，将结果信息读入 LS-PrePost 后处理器，在绘图区域出现计算模型的俯视图。

2）观察船体冲击桥墩过程

（1）修改模型颜色，单击右侧菜单栏中 Model→PtColor，在弹出的 Part Color

对话框的 ColorBy 中选择 PartID，选择所需要的颜色，再单击需要更换颜色的
PART，单击 Done 完成修改。

（2）通过动画播放控制台，可以观察船舶撞击桥墩的整个动态过程。左侧进度
条控制播放速度，选择动画控制台中的 State 栏，可以选择观察计算过程中某一输
出时间的实时画面，如图 5.26 所示。

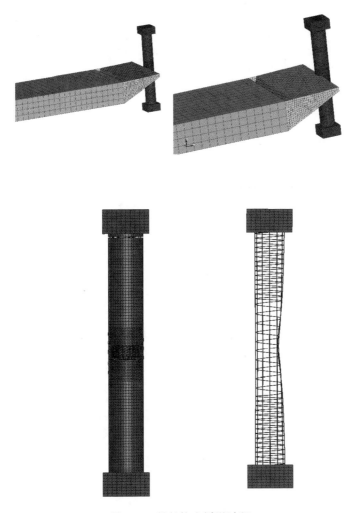

图 5.26　船舶撞击桥墩过程

3）提取冲击响应数据

单击程序右侧菜单栏 Post→History，在弹出的对话框中单击 Effective stress
按钮，接着单击左侧 Load 按钮，即可选择相应的冲击响应数据。冲击作用下桥
墩的有效应力时程如图 5.27 所示。

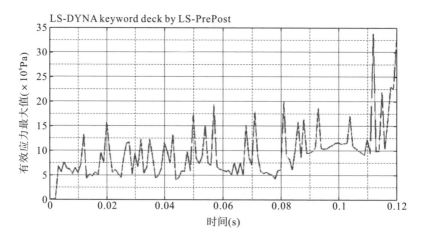

图 5.27　冲击力时程曲线

部分关键字如下：

$# LS-DYNA Keyword file created by LS-PrePost(R) V4.8.20 - 17Sep2021

$# Created on Nov-18-2021 (16:04:01)

*KEYWORD

*TITLE

$#

title

LS-DYNA keyword deck by LS-PrePost

*CONTROL_CONTACT

0.1	0.0	1	0	1	0	1	0
0	0	0	0	4.0	0	0	0
0.0	0.0	0.0	0.0	0.0	0.0	0.0	0
0	0	0	0	0	0	0.0	0
0	0	1	0.0	1.0	0	0.0	0
0	0	0	0	0	0.0	0	0

*CONTROL_HOURGLASS

| 8 | 0.1 |

*CONTROL_TERMINATION

| 0.12 | 0 | 0.0 | 0.0 | 1.000000E8 | 0 |

*CONTROL_TIMESTEP

| 0.0 | 0.9 | 0 | 0.0 | 0.0 | 0 | 1 | 0 |
| 0.0 | 0 | 0 | 0 | 0 | 0.0 | 0 | 0 |

*DATABASE_ABSTAT

```
 0.001         0              0              1
*DATABASE_ATDOUT
 0.001         0              0              1
*DATABASE_BNDOUT
 0.001         0              0              1
*DATABASE_DISBOUT
 0.001         0              0              1
*DATABASE_DEFORC
 0.001         0              0              1
*DATABASE_ELOUT
 0.001         0              0              1         0         0         0         0
*DATABASE_GLSTAT
 0.001         0              0              1
*DATABASE_MATSUM
 0.001         0              0              1
*DATABASE_NCFORC
 0.001         0              0              1
*DATABASE_NODFOR
 0.001         0              0              1
*DATABASE_RCFORC
 0.001         0              0              1
*DATABASE_RWFORC
 0.001         0              0              1
*DATABASE_SECFORC
 0.001         0              0              1
*DATABASE_SLEOUT
 0.001         0              0              1
*DATABASE_SPCFORC
 0.001         0              0              1
*DATABASE_BINARY_D3PLOT
 0.001         0              0              0         0         0
 0            0.0            0.0            0.0        0         0
*DATABASE_EXTENT_BINARY
 0            0              3              0         1         1         1         1
 0            0              4              1         1         1         2         1
 0            0              1.0            0         0         0         0         0
```

| 0 | 0 | 0 | 0 | 0 |

*BOUNDARY_SPC_SET_ID

$name

1zhu

| 1 | 0 | 1 | 1 | 1 | 1 | 1 | 1 |

*LOAD_GRAVITY_PART_SET

| 2 | 3 | 1 | 1.0 | 0 | 0 | 0 |

*CONTACT_AUTOMATIC_SURFACE_TO_SURFACE_ID

1chuantou to dunzhu

2	1	2	2	0	0	0	0
0.3	0.3	0.0	0.0	0.0	0	0.0	1.00000E20
1.0	1.0	0.0	0.0	1.0	1.0	1.0	1.0
1	0.1	0	1.025	2.0	2	0	1
0.0	0	0	0	0	0	0.0	0.0
1	1	0.0	0.0	0.0	0	0.0	0.0

*CONTACT_AUTOMATIC_GENERAL_ID

2general

1	1	2	2	0	0	0	0
0.3	0.3	0.0	0.0	0.0	0	0.0	1.00000E20
1.0	1.0	0.0	0.0	1.0	1.0	1.0	1.0
1	0.1	0	1.025	2.0	2	0	1
0.0	0	0	0	0	0	0.0	0.0
1	1	0.0	0.0	0.0	0	0.0	0.0

*CONTACT_AUTOMATIC_BEAMS_TO_SURFACE_ID

3chuan-dzzj

3	1	2	2	0	0	0	0
0.4	0.4	0.0	0.0	0.0	0	0.0	1.00000E20
1.0	1.0	0.0	0.0	1.0	1.0	1.0	1.0

*PART

Bow

| 1 | 5 | 3 | 0 | 0 | 0 | 0 | 0 |

*SECTION_SHELL_TITLE

Ship

| 5 | 2 | 1.0 | 2 | 1.0 | 0 | 0 | 1 |
| 0.02 | 0.02 | 0.02 | 0.02 | 0.0 | 0.0 | 0.0 | 0 |

*MAT_PLASTIC_KINEMATIC_TITLE

HRB400_Bow

| 3 | 7865.0 | 2.07000E11 | 0.27 | 4.000000E8 | 0.0 | 0.0 |
| 0.0 | 0.0 | 0.35 | | 0.0 | | |

*PART

chuanshen

| 2 | 5 | 2 | 0 | 0 | 0 | 0 | 0 |

*MAT_ELASTIC_TITLE

Hull

| 2 | 27320.0 | 2.10000E11 | 0.27 | 0.0 | 0.0 | 0.0 |

*PART

bar-bow

| 3 | 2 | 3 | 0 | 0 | 0 | 0 | 0 |

*SECTION_BEAM_TITLE

HRB400-Φ18

| 2 | 1 | 1.0 | 2 | 1 | 0.0 | 0.0 | 0 |
| 0.018 | 0.018 | 0.0 | 0.0 | 0.0 | 0.0 | | |

*PART

$name

ct

| 4 | 1 | 1 | 0 | 1 | 0 | 0 | 0 |

*SECTION_SOLID_TITLE

concret

| 1 | 1 | 0 | 0 | 0 | 0 | 0 | 0 |

*MAT_CSCM_CONCRETE_TITLE

hunningtu

| 1 | 2500.0 | 1 | 0.0 | 1 | 1.1 | 0.0 | 0 |
| 0.0 | 3.000000E7 | 0.019 | 4 | | | | |

*HOURGLASS_TITLE

hunningtu

| 1 | 4 | 0.03 | 0 | 1.5 | 0.06 | 0.03 | 0.03 |

*PART

$name

dunzhu

| 5 | 1 | 1 | 0 | 1 | 0 | 0 | 0 |

*PART

dz-zj

| 6 | 3 | 3 | 0 | 0 | 0 | 0 | 0 |

*SECTION_BEAM_TITLE

HRB400-Φ20

| 3 | 1 | 1.0 | 2 | 1 | 0.0 | 0.0 | 0 |
| 0.02 | 0.02 | 0.0 | 0.0 | 0.0 | 0.0 | | |

*PART

dz-gj

| 7 | 4 | 4 | 0 | 0 | 0 | 0 | 0 |

*SECTION_BEAM_TITLE

HRB335-Φ12

| 4 | 1 | 1.0 | 2 | 1 | 0.0 | 0.0 | 0 |
| 0.012 | 0.012 | 0.0 | 0.0 | 0.0 | 0.0 | | |

*MAT_PLASTIC_KINEMATIC_TITLE

HRB335

| 4 | 7850.0 | 2.00000E11 | 0.3 | 3.350000E8 | 2.000000E9 | 0.0 |
| 0.0 | 0.0 | 0.2 | | 0.0 | | |

*PART

ct-gj

| 8 | 4 | 4 | 0 | 0 | 0 | 0 | 0 |

*PART

ct-zj

| 9 | 3 | 3 | 0 | 0 | 0 | 0 | 0 |

*INITIAL_VELOCITY_GENERATION

| 1 | 1 | 0.0 | 4.0 | 0.0 | 0.0 | 0 | 0 |
| 0.0 | 0.0 | 0.0 | 0.0 | 0.0 | 0.0 | 0 | 0 |

*DEFINE_CURVE_TITLE

G

1	0	1.0	1.0	0.0	0.0	0	0
0.0	9.8						
10.0	9.8						

*CONSTRAINED_LAGRANGE_IN_SOLID_TITLE

1concrete to gangjin

3	2	0	0	0	2	1	0
0.0	1.00000E10	0.1	0.0	0.5	0	0	0.0
0.0	0.0	0.0	0	0.1	0	0	0
0	0	0	0	0.0	0	0.0	

```
*DAMPING_GLOBAL
0          0.05        0.0        0.0        0.0        0.0        0.0        0.0
```

5.2　落石冲击柔性拦截网

柔性拦截网是由钢丝绳、钢丝等具有较高抗拉强度的金属材料,通过缠绕、编织等工艺手段而成的具有一定刚度的结构物。柔性拦截网在施工防坠落、高楼防坠物、公路沿线防坠物、山区落石防护等许多工程防护领域中广泛使用,本节主要采用 LS-PrePost 来模拟落石冲击柔性防护网片试验,研究网片的抗冲击力学性能。

5.2.1　模型选定及假设

该模型试验架由 4 根箱型钢柱、4 根箱型钢梁组成,其中箱型钢柱截面尺寸为 400mm×400mm×12mm,高 4m;箱型钢梁截面尺寸为 400mm×400mm×12mm,长 4.3m。试验网片规格为 R5/3/300,即直径 3mm 的高强钢丝缠绕 5 圈形成直径为 300mm 的圆环,整个环形网片规格为 3.8m×3.8m。网片通过卸扣连接在试验架上。该模型试验布置轴侧图如图 5.28 所示,试验布置俯视图如图 5.29 所示。通过数值模拟来研究落石冲击网片后网片的受力特征。

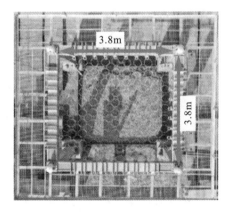

图 5.28　试验布置轴侧图　　　　　　　　　图 5.29　试验布置俯视图

整个建模过程采用 m-kg-s 单位制,请注意单位的协调一致。

建模步骤为:三维几何模型→网格模型→LS-PrePost 前处理→LS-DYNA 求解→LS-PrePost 后处理。本例重点介绍 LS-PrePost 前处理及其后流程。

5.2.2　参数说明

环形网片、箱型钢柱及箱型钢梁采用 BEAM 单元，落石采用 SOLID 单元建立。环形网片采用分段线性塑性（MAT_PIECEWISE_LINEAR_PLASTICITY）材料，箱型钢柱和箱型钢梁采用理想弹塑性（MAT_PLASTIC_KINEMATIC）材料，落石采用刚性材料进行描述。其他具体参数详见 K 文件。

5.2.3　建模及求解

在 LS-PrePost 的图形用户界面中，按照如下步骤进行以上问题的建模和求解（假定已完成网格模型的划分）。

1. 导入网格模型

网格划分软件如 Femap 生成的网格模型导出为 K 文件，在 LS-PrePost 中打开，具体操作为：通过 LS-PrePost 菜单项 File→Open→LS-DYNA Keyword File，选择打开工作目录下的网格模型。几何模型与计算模型如图 5.30 和图 5.31 所示。

图 5.30　几何模型　　　　　　　　图 5.31　LS-PrePost 计算模型

2. 定义单元类型

梁、钢柱、支撑柱、卸扣、环形网片的截面均采用梁单元（BEAM），落石采用实体单元（SOLID）。

3. 定义曲线

1）定义荷载曲线

对本例中重力加速度 G 曲线的定义，具体做法为：单击 All→DEFINE，下拉选择 CURVE 卡片，弹出相应对话框，单击 Add，在加载曲线对话框中输入相关的参数，依次在第一行每一栏中填写曲线名（TITLE）、曲线序号（LCID）、横坐标比例因子(SFA)、纵坐标比例因子(SFO)，在第二行中填写曲线的关键节点，定义加载曲线的形状，输入参数如图 5.32 所示。填写完成后，单击 Accept，完成对重力加速度的定义。

图 5.32　重力加速度 G 曲线

2) 定义环形网片应力-应变曲线

重复上述操作，定义环形网片的应力-应变曲线(图 5.33)，曲线卡片名为 net，曲线序号为 1，输入相关参数，具体曲线如图 5.34 所示。

图 5.33　环形网片应力-应变曲线定义

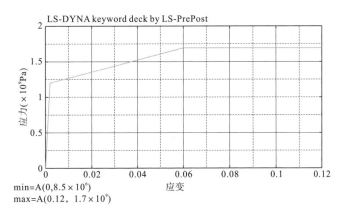

图 5.34　网片应力-应变曲线

4. 定义材料及截面

1)定义材料

以本例中环形网片材料为例：选择右侧菜单项 Model→Keyword，弹出 Keyword Manager 对话框(其后的操作都基于该对话框进行，这里不再赘述)，单击 All→MAT，下拉选择 024-PIECEWISE_LINEAR_PLASTICITY，此时会弹出"*MAT_PIECEWISE_LINEAR_PLASTICITY_(TITLE)(024)"对话框，先单击左上角的 NewID，再依次输入材料名(TITLE)-net、材料序号(MID)、材料密度(RO)、弹性模量(E)、泊松比(PR)、屈服强度(SIGY)及材料曲线定义(LCSS)，输入参数值如图 5.35 所示，填写完成后，依次单击 Accept→Done，关闭该对话框，完成环形网片材料的定义。

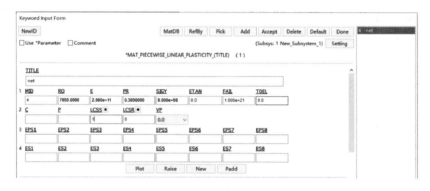

图 5.35　环形网片材料参数设置

其他构件材料设置操作均同上，具体构件参数如表 5.1 所示。

表 5.1　各构件材料参数

构件名称	密度/(kg/m³)	泊松比	弹性模量/MPa	屈服强度/MPa	材料类型
钢柱、钢梁	7850	0.3	2.06×10^5	345	理想弹塑性材料
环形网片	7850	0.3	2.06×10^5	800	多段线性塑性材料
短柱	7850	0.3	2.06×10^5	235	理想弹塑性材料
落石	2515	0.3	2.0×10^4	——	刚体材料
卸扣	7850	0.3	2.06×10^5	235	理想弹塑性材料

2)定义截面

对本例中环形网片梁单元的截面特性进行定义，具体做法为：在 Keyword Manager 对话框中，单击 All→SECTION，下拉选择 BEAM 截面卡片，此时会弹出

"*SECTION _BEAM_(TITLE)"对话框，单击 NewID，在截面特性对话框中输入相关的参数，依次在每一栏中填写截面名(TITLE)、截面序号(SECID)、ELFORM、SHRF、QR/IRID、CST、TS1、TS2、TT1、TT2，输入参数值如图 5.36 所示。填写完成后，依次单击 Accept→Done，关闭该对话框，完成网片截面的定义。

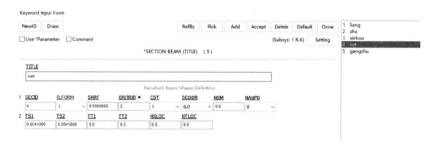

图 5.36　环形网片单元设置

重复上述操作，完成对梁、钢柱、支撑柱、卸扣及落石的截面参数设置。

5. 定义 PART 信息

本例中 PART 的划分已经在网格划分时确定，该步操作主要是为 PART 赋予材料及截面。对本例中环形网片 PART 的参数进行定义，具体做法为：单击 Model→PART，单击 PART 卡片，弹出相应对话框，右侧选项单击 net，在 PART 对话框中输入相关的参数，依次在每一栏中填写截面模型(SECID)、材料模型(MID)、状态方程(EOSID)等，如图 5.37 所示。在 PART 定义界面中，单击 SECID 右边的链接点，在对应的 Link 对话框中选择之前定义的 SECTION→Done，即完成截面的赋予，其余同理。填写完成后，单击 Accept，完成对河道截面、材料的定义。

图 5.37　环形网片 PART 卡片

重复上述操作，定义梁、钢柱、支撑柱、卸扣及落石的参数，分别单击右侧选项 liang、gangzhu、zhu、xiekou、stone。

上述 PART 中 net、liang、gangzhu、zhu、xiekou、stone 分别对应环形网片、梁、钢柱、支撑柱、卸扣、落石。

6. 施加荷载

施加重力荷载(图 5.38)：单击 All→LOAD，下拉选择 BODY_Z 卡片，弹出相应对话框，单击 Add，在对话框中任意输入相关的参数，依次在每一栏中填写 LCID、SF，输入相关参数。

图 5.38　荷载卡片

7. 设置落石初速度

落石的质量为 310kg，冲击动能为 15kJ，故初速度设置为 z 向 9.837m/s。具体操作如下：单击 All→INITIAL→VELOCIYT_RIGID_BODY，此时会弹出相关对话框，先单击 NewID，然后单击 PID 选择需要设置速度的 PART，再输入 z 轴方向速度 VZ，最后单击对话框右上角 Accept。具体参数设置如图 5.39 所示。

图 5.39　落石速度设置

8. 定义边界条件

1)创建 NODE_LIST，定义约束的节点

创建钢柱底部约束节点组，具体做法为：单击 All→SET，下拉选择 NODE_LIST 卡片，弹出相关对话框，单击 Add，在对话框中填写好节点组名(TITLE)、节点组序号(NSID)，单击 Pick，通过对应的 Link 对话框，在模型中选择需要约束的节点。选择完成后，单击 Accept 关闭 Link 对话框，单击 NODE_LIST 卡片 Insert→Accept，完成钢柱底部约束节点组的创建。

2)定义约束类型和参数

在以上约束部位设置完成后，定义钢柱底部的约束类型和参数，单击 All→BOUNDARY，选择 SPC_SET 卡片，弹出相关对话框，单击 Add，在对话框中定义约束相关自由度，输入值如图 5.40 所示。

图 5.40　钢柱底部固定参数设置

9. 定义接触条件

1）创建 PART_LIST

创建环形网片和卸扣的 PART_LIST，具体做法为：单击 All→SET，下拉选择 PART_LIST 卡片，弹出相关对话框，单击 Add，在对话框中输入相关的参数，依次填写组名(TITLE)、组序号(SID)，在第二行中单击 PID1 右边的链接点，在对应的 Link 对话框中选择之前定义的 net，同理，PID2 选择 xiekou，输入值如图 5.41 所示。选择完成后依次单击 Insert→Accept，完成对环形网片和卸扣 PART_LIST 的定义。

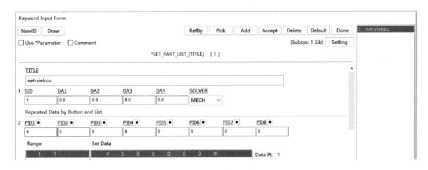

图 5.41　环形网片与卸扣 PART_LIST 卡片

2）定义接触类型和接触参数

以上 PART_LIST 设置完成后，设置网片与卸扣的自接触，具体操作如下：单击 All→CONTACT→AUTOMATIC_GENERAL，弹出相关对话框，单击 Add，在对话框中输入相关的参数，输入值如图 5.42 所示。同理设置选择 AUTOMATIC_BEAMS_TO_ SURFACE 卡片设置落石与环形网片的接触，具体设置参数如图 5.43 所示。

图 5.42   通用接触各项参数设置

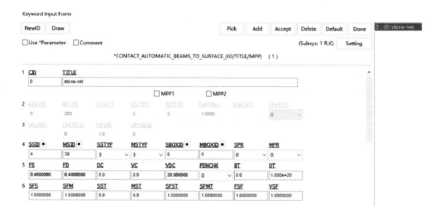

图 5.43   自动梁-面接触各项参数设置

10. 阻尼参数设置

使用全局阻尼 DAMPING_GLOBAL，设置系统阻尼常数为 0.05。具体操作：在 LS-PrePost 右侧菜单依次单击 Model→Keyword→All→DAMPING→GLOBAL，此时会弹出"*DAMPING_GLOBAL"对话框，输入 VALDMP 为 0.05，最后单击对话框右上角 Accept，阻尼设置如图 5.44 所示。

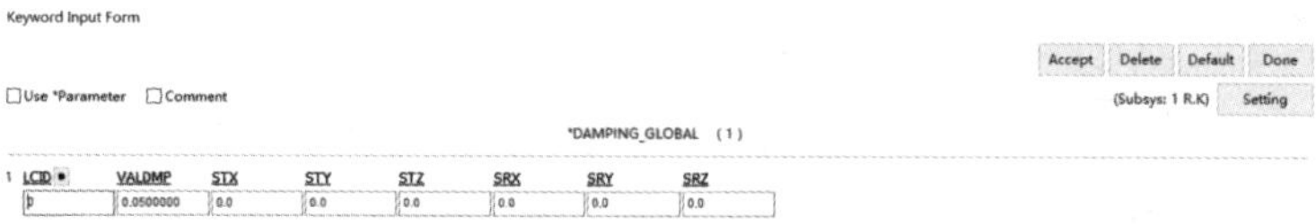

图 5.44   阻尼各项参数设置

11. 定义控制求解参数

主要结果文件的输出在 All→DATABASE→ASCII_option、BINARY_D3PLOT、EXTENT_BINARY 等卡片进行相关设置。

12. 递交 LS-DYNA 程序求解

上述卡片设置完成后，选择菜单项 File→Save→Save Keyword，保存 K 文件。使用 LS_RUN 软件提交求解。

设置 LS_DYNA 求解器所在位置，调用求解器，设置 CPU 数量等，再将设置好的 K 文件添加到任务栏中，设置完成单击开始计算即可。在 Job Table 对话框中，可观察计算时的具体信息，ETA 栏表示 LS_RUN 预估计算时间。勾选 Local 右侧选项，即可通过 Windows 命令窗口观察计算过程。计算完成后可直接查看 message 文件信息。

13. 后处理

计算结束后，程序按照要求输出用于 LS-PrePost 后处理的结果文件，按照如下步骤在 LS-PrePost 中进行后处理。

1）读入结果文件

通过 LS-PrePost 菜单项 File→Open→LS-DYNA Binary Plot，在弹出的对话框中选择打开工作目录下的二进制结果文件 D3plot，将结果信息读入 LS-PrePost 后处理器，在绘图区域出现计算模型的俯视图。

2）提取落石动能信息

提取落石动能信息具体操作如下：单击 History→Global→Kinetic Energy→Plot，输出结果如图 5.45 所示。

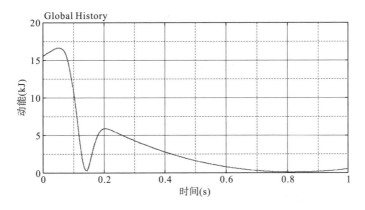

图 5.45　动能时程曲线

3）提取落石内能信息

提取落石内能信息具体操作如下：单击 History→Global→Internal Energy→Plot，输出结果如图 5.46 所示。

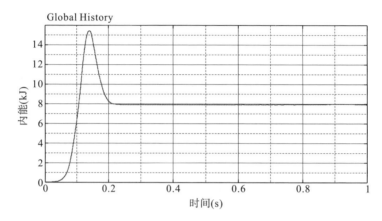

图 5.46　内能时程曲线

4）提取落石冲击力信息

提取落石冲击力信息具体操作如下：单击 Binout→Load→Open File List→rcforc→S-2:stone-net→resultant_force→Plot，输出结果如图 5.47 所示。

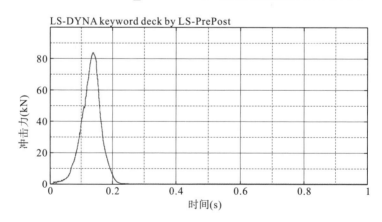

图 5.47　冲击力时程曲线

5）提取落石冲击位移时程曲线

提取落石冲击位移时程曲线具体操作如下：单击 History→Nodal→Pick 模型中的 Stone Part→Z-displacement→Max→Plot，输出结果如图 5.48 所示。

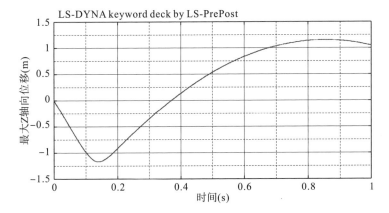

图 5.48   冲击位移时程曲线

6) 提取钢柱轴力信息

提取钢柱轴力信息具体操作如下：单击 History→Element→Pick 模型中的 Zhu Part→Axial Force→Max→Plot，输出结果如图 5.49 所示。

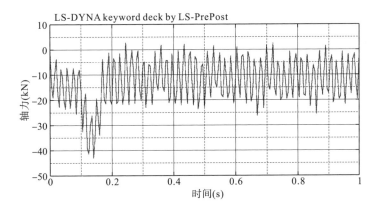

图 5.49   钢柱轴力

部分关键字如下：

```
*KEYWORD
*TITLE
$#
title
LS-DYNA keyword deck by LS-PrePost
*CONTROL_TERMINATION
$#     endtim      endcyc      dtmin      endeng      endmas      nosol
         1.0           0         0.0         0.0    1.000000E8         0
```

*DATABASE_ABSTAT

$#	dt	binary	lcur	ioopt
	0.001	0	0	1

*DATABASE_ABSTAT_CPM

$#	dt	binary	lcur	ioopt
	0.0	0	0	1

*DATABASE_BNDOUT

$#	dt	binary	lcur	ioopt
	0.001	0	0	1

*DATABASE_GLSTAT

$#	dt	binary	lcur	ioopt
	0.001	0	0	1

*DATABASE_JNTFORC

$#	dt	binary	lcur	ioopt
	0.001	0	0	1

*DATABASE_MATSUM

$#	dt	binary	lcur	ioopt
	0.001	0	0	1

*DATABASE_NCFORC

$#	dt	binary	lcur	ioopt
	0.001	0	0	1

*DATABASE_NODFOR

$#	dt	binary	lcur	ioopt
	0.001	0	0	1

*DATABASE_NODOUT

$#	dt	binary	lcur	ioopt	option1	option2
	0.001	0	0	1	0.0	0

*DATABASE_RCFORC

$#	dt	binary	lcur	ioopt
	0.001	0	0	1

*DATABASE_SECFORC

$#	dt	binary	lcur	ioopt
	0.001	0	0	1

*DATABASE_SPCFORC

$#	dt	binary	lcur	ioopt
	0.001	0	0	1

*DATABASE_BINARY_D3PLOT

$#	dt	lcdt	beam	npltc	psetid			
	0.005	0	0	0	0			
$#	ioopt	rate	cutoff	window	type	pset		
	0	0.0	0.0	0.0	0	0		

*DATABASE_EXTENT_BINARY

$#	neiph	neips	maxint	strflg	sigflg	epsflg	rltflg	engflg
	0	0	3	0	1	1	1	1
$#	cmpflg	ieverp	beamip	dcomp	shge	stssz	n3thdt	ialemat
	0	1	2	1	1	1	2	1
$#	nintsld	pkp_sen	sclp	hydro	msscl	therm	intout	nodout
	0	0	1.0	0	0	0	0	0
$#	dtdt	resplt	neipb	quadr	cubic			
	0	0	0	0	0			

*BOUNDARY_SPC_SET

$#	nsid	cid	dofx	dofy	dofz	dofrx	dofry	dofrz
	1	0	1	1	1	1	1	1

*SET_NODE_LIST_TITLE

NODESET(SPC) 1

$#	sid	da1	da2	da3	da4	solver		
	1	0.0	0.0	0.0	0.0	MECH		
$#	nid1	nid2	nid3	nid4	nid5	nid6	nid7	nid8
	3264	18	1	35	0	0	0	0

*LOAD_BODY_Z

$#	lcid	sf	lciddr	xc	yc	zc	cid
	2	1	0	0.0	0.0	0.0	0

*CONTACT_AUTOMATIC_GENERAL_ID

$#	cid	title	net-xiekou					
$#	ssid	msid	sstyp	mstyp	sboxid	mboxid	spr	mpr
	1	1	2	2	0	0	0	0
$#	fs	fd	dc	vc	vdc	penchk	bt	dt
	0.2	0.2	0.0	0.0	20.0	0	0.0	1.00000E20
$#	sfs	sfm	sst	mst	sfst	sfmt	fsf	vsf
	1.0	1.0	0.0	0.0	1.0	1.0	1.0	1.0
$#	soft	sofscl	lcidab	maxpar	sbopt	depth	bsort	frcfrq
	1	0.1	0	1.025	2.0	2	0	1

$#	penmax	thkopt	shlthk	snlog	isym	i2d3d	sldthk	sldstf
	0.0	0	0	0	0	0	0.0	0.0
$#	igap	ignore	dprfac	dtstif	unused	unused	flangl	cid_rcf
	1	1	0.0	0.0	0	0	0.0	0

*SET_PART_LIST_TITLE

net to xiekou

$#	sid	da1	da2	da3	da4	solver
	1	0.0	0.0	0.0	0.0	MECH

$#	pid1	pid2	pid3	pid4	pid5	pid6	pid7	pid8
	4	5	0	0	0	0	0	0

*CONTACT_AUTOMATIC_BEAMS_TO_SURFACE_ID

| $cid | title | 0 | stone-net |

$#	ssid	msid	sstyp	mstyp	sboxid	mboxid	spr	mpr
	4	38	3	3	0	0	0	0
$#	fs	fd	dc	vc	vdc	penchk	bt	dt
	0.4	0.4	0.0	0.0	20.0	0	0.0	1.00000E20
$#	sfs	sfm	sst	mst	sfst	sfmt	fsf	vsf
	1.0	1.0	0.0	0.0	1.0	1.0	1.0	1.0

*PART

$#

title

zhu

$#	pid	secid	mid	eosid	hgid	grav	adpopt	tmid
	1	2	1	0	0	0	0	0

*SECTION_BEAM_TITLE

zhu

$#	secid	elform	shrf	qr/irid	cst	scoor	nsm	naupd
	2	1	1.0	-2	2	0.0	0.0	0
$#	ts1	ts2	tt1	tt2	nsloc	ntloc		
	0.0	0.0	0.0	0.0	0.0	0.0		

*MAT_PLASTIC_KINEMATIC_TITLE

Q345

$#	mid	ro	e	pr	sigy	etan	beta
	1	7850.0	2.06000E11	0.3	3.450000E8	0.0	0.0
$#	src	srp	fs	vp			
	0.0	0.0	0.0	0.0			

```
*PART
$#
```

title

liang

$#	pid	secid	mid	eosid	hgid	grav	adpopt	tmid
	2	1	1	0	0	0	0	0

```
*SECTION_BEAM_TITLE
```

liang

$#	secid	elform	shrf	qr/irid	cst	scoor	nsm	naupd
	1	1	1.0	-1	2	0.0	0.0	0
$#	ts1	ts2	tt1	tt2	nsloc	ntloc		
	0.0	0.0	0.0	0.0	0.0	0.0		

```
*PART
$#
```

title

gangzhu

$#	pid	secid	mid	eosid	hgid	grav	adpopt	tmid
	3	5	3	0	0	0	0	0

```
*SECTION_BEAM_TITLE
```

gangzhu

$#	secid	elform	shrf	qr/irid	cst	scoor	nsm	naupd
	5	1	1.0	2	1	0.0	0.0	0
$#	ts1	ts2	tt1	tt2	nsloc	ntloc		
	0.2	0.2	0.0	0.0	0.0	0.0		

```
*MAT_PLASTIC_KINEMATIC_TITLE
```

gangzhu

$#	mid	ro	e	pr	sigy	etan	beta
	3	7850.0	2.06000E11	0.3	3.45000E8	0.0	0.0
$#	src	srp	fs	vp			
	0.0	0.0	0.0	0.0			

```
*PART
$#
```

title

net

$#	pid	secid	mid	eosid	hgid	grav	adpopt	tmid
	4	4	4	0	0	0	0	0

*SECTION_BEAM_TITLE

net

$#	secid	elform	shrf	qr/irid	cst	scoor	nsm	naupd
	4	1	0.5	2	1	0.0	0.0	0
$#	ts1	ts2	tt1	tt2	nsloc	ntloc		
	0.00418	0.00418	0.0	0.0	0.0	0.0		

*MAT_PIECEWISE_LINEAR_PLASTICITY_TITLE

net

$#	mid	ro	e	pr	sigy	etan	fail	tdel
	4	7850	2.0600E11	0.3	8.0000E8	0.0	1.00000E21	0.0
$#	c	p	lcss	lcsr	vp			
	0.0	0.0	1	0	0.0			
$#	eps1	eps2	eps3	eps4	eps5	eps6	eps7	eps8
	0.0	0.0	0.0	0.0	0.0	0.0	0.0	0.0
$#	es1	es2	es3	es4	es5	es6	es7	es8
	0.0	0.0	0.0	0.0	0.0	0.0	0.0	0.0

*PART

$#

title

xiekou

$#	pid	secid	mid	eosid	hgid	grav	adpopt	tmid
	5	3	2	0	0	0	0	0

*SECTION_BEAM_TITLE

xiekou

$#	secid	elform	shrf	qr/irid	cst	scoor	nsm	naupd
	3	1	0.9	2	1	0.0	0.0	0
$#	ts1	ts2	tt1	tt2	nsloc	ntloc		
	0.016	0.016	0.0	0.0	0.0	0.0		

*MAT_PLASTIC_KINEMATIC_TITLE

xiekou

$#	mid	ro	e	pr	sigy	etan	beta
	2	7850.0	2.06000E11	0.3	2.350000E8	0.0	0.0
$#	src	srp	fs	vp			
	0.0	0.0	0.0	0.0			

*PART

$HMNAME MATS   38002-1

```
$#
title
    stone
    $#      pid      secid      mid      eosid      hgid      grav      adpopt      tmid
            38        38        37        0          0         0         0          0
*SECTION_SOLID_TITLE
    stone
    $HMNAME MATS          38002-1
    $#              secid            elform            aet
                    38                0                0
*MAT_RIGID_TITLE
    stone
    $#      mid      ro        e              pr        n          couple      m          alias
            37      2515.0    2.00000E10     0.3       0.0        0.0         0.0        0.0
    $#      cmo      con1      con2
            0.0      0         0
    $#lco    or       a1        a2             a3        v1         v2          v3
            0.0      0.0       0.0            0.0       0.0        0.0         0.0
*MAT_NULL_TITLE
    null
    $#      mid      ro        pc        mu        terod        cerod       ym            pr
            38      10.0      0.0       0.0       0.0          0.0         5.00000E10    0.0
*INITIAL_VELOCITY_RIGID_BODY
    $#      pid      vx        vy        vz        vxr          vyr         vzr           icid
            38      0.0       0.0       -10.0     0.0          0.0         0.0           0
*DEFINE_CURVE_TITLE
    net
    $#      lcid         sidr       sfa        sfo         offa       offo       dattyp      lcint
            1            0          1.0        1975000     0.0        0.0        0           0
    $#      a1           o1
            0.0          1488.075
            0.0012407    1583.694
            0.0040508    1682.306
            0.0078002    1765.896
            0.0127649    1827.291
            0.0170538    1858.784
```

```
             0.0245666    1875.365
             0.0320234    1890.017
             0.0378292    1905.465
             0.067911     1964.52
             0.1          2027.51
*DEFINE_CURVE_TITLE
G
```

$#	lcid	sidr	sfa	sfo	offa	offo	dattyp	lcint
	2	0	1.0	1.0	0.0	0.0	0	0

$#	a1	o1
	0.0	9.8
	20.0	9.8

```
*DAMPING_GLOBAL
```

$#	lcid	valdmp	stx	sty	stz	srx	sry	srz
	0	0.05	0.0	0.0	0.0	0.0	0.0	0.0

```
*INTEGRATION_BEAM
```

$#	irid	nip	ra	icst	k
	1	0	0.0	5	1

$#	d1	d2	d3	d4	sref	tref	d5	d6
	0.35	0.018	0.4	0.018	0.0	0.0	0.0	0.0

```
*INTEGRATION_BEAM
```

$#	irid	nip	ra	icst	k
	2	0	0.0	5	1

$#	d1	d2	d3	d4	sref	tref	d5	d6
	0.4	0.012	0.4	0.012	0.0	0.0	0.0	0.0

5.3　爆破荷载作用下柔性防护网数值模拟

我国地形以山区为主，地质灾害频发，形势严峻，给人民的生命财产安全造成重大威胁，据统计，散粒体是实际落石崩塌灾害的主要形式。在现有的防护手段中，柔性拦截网结构具有快速灵活等优点，在崩塌落石灾害治理中广泛应用。本节主要采用 LS-PrePost 软件来模拟爆破荷载作用于柔性防护网的模型，研究柔性防护网在爆破荷载作用下的动力响应。

5.3.1　模型选定及假设

如图 5.50 所示，建立竖向高度为 30m、水平宽度为 24m 的山体，柔性防护网模型为单跨，两钢柱的间距为 10m，柱高为 6m。在网片的最顶端设置一根主支撑绳，从主支撑绳开始沿网片向下每隔 1m 设置一根横向支撑绳，依次为 HS1、HS2、HS3 和 HS4。同时，在网片的最底端设置一根横向支撑绳 HS8，从 HS8 开始，向上每间隔 1.5m 设置一根横向支撑绳，依次为 HS7、HS6 和 HS5。从网片的最左端开始，每间隔 2.5m 设置一根纵向支撑绳，共设置 5 根纵向支撑绳。炸药的尺寸为 0.2m×0.2m×0.2m，距山体左右两侧均为 12m，距山体底部的竖向距离为 12m，由爆破产生的散体落石的冲击动能为 2600kJ。通过数值模拟来研究散粒体落石作用于柔性防护网系统后系统整体变形、网片及钢丝绳的受力特征等。

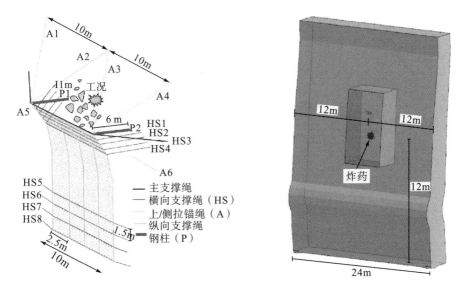

图 5.50　柔性防护网几何模型

本模型是基于 ALE 列式的流固耦合技术建立的，将炸药、空气视为流体，通过流固耦合作用于岩体，使岩体破碎后抛掷而产生散体岩石。整个建模过程采用 m-kg-s 单位制，请注意单位的协调一致。

建模步骤为：三维几何模型→网格模型→LS-PrePost 前处理→LS-DYNA 求解→LS-PrePost 后处理。本例重点介绍 LS-PrePost 前处理及其后流程。

5.3.2　参数说明

岩体、落石、炸药和空气采用 SOLID 单元，地面采用 SHELL 单元，其余部分如网片、支撑绳、柱等均采用 BEAM 单元。山体采用刚性材料进行描述，支撑绳等采用离散梁材料进行描述。其他参数详见 K 文件。

5.3.3 建模及求解

在 LS-PrePost 的图形用户界面中，按照如下步骤进行以上问题的建模和求解（假定已完成网格模型的划分）。

1. 导入网格模型

将网格划分软件如 ICEM-CFD 生成的网格模型导出为 K 文件，在 LS-PrePost 中打开，具体操作为：通过 LS-PrePost 菜单项 File→Open→Keyword File，选择打开工作目录下的网格模型，如图 5.51 所示。

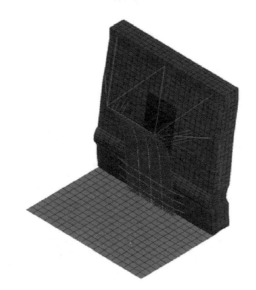

图 5.51 网格模型

2. 定义单元类型

岩体、落石、炸药和空气采用 SOLID 单元，地面采用 SHELL 单元，其余部分如网片、支撑绳、柱等均采用 BEAM 单元。

3. 定义曲线

1）定义材料应力-应变曲线

此模型需定义环形网片的应力-应变曲线、减压环应力-应变曲线等多条曲线，以定义环形网片应力-应变曲线（根据实际需求设置）为例，具体做法为：在

LS-PrePost 右侧菜单依次单击 Model→Keyword，弹出 Keyword Manager 对话框，单击 All→DEFINE→CURVE，弹出相应对话框，先单击 NewID，然后依次输入 TITLE（曲线名）、LCID（曲线编号）、SFA（横坐标比例因子）、SFO（纵坐标比例因子），再将环形网片应力-应变曲线关键点以横纵坐标的形式输入（A1-横坐标是应变，O1-纵坐标是应力），各关键点坐标输入完成后单击对话框右上方的 Accept。环形网片应力-应变曲线定义具体参数如图 5.52 所示，环形网片应力-应变曲线如图 5.53 所示。同理可得其他材料应力-应变曲线操作。

图 5.52　环形网片应力-应变曲线定义

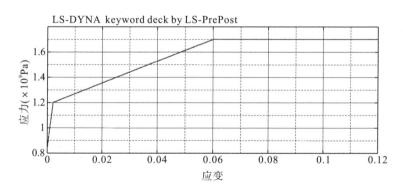

图 5.53　环形网片应力-应变曲线

2）定义荷载曲线

对本例中重力加速度 G 曲线的定义，具体做法为：单击 All→DEFINE，下拉选择 CURVE 卡片，弹出相应对话框，单击 Add，在加载曲线对话框中输入相关参数，依次在第一行每一栏中填写曲线名（TITLE）、曲线序号（LCID）、SFA、SFO，在第二行中填写曲线的关键节点，定义加载曲线的形状，输入参数如图 5.54 所示。填写完成后，单击 Accept，完成对重力加速度的定义。

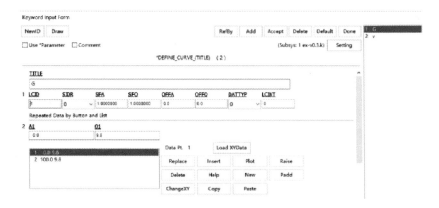

图 5.54　重力加速度 G 曲线

4. 定义材料及截面

1) 定义状态方程

本模型空气和炸药需要设置状态方程，空气状态方程选用 LINEAR_POLYNOMIAL，炸药状态方程选用 JWL。

空气状态方程设置具体操作如下：在 LS-PrePost 右侧菜单依次单击 All→EOS→LINEAR_POLYNOMIAL，弹出相应对话框，输入 TITLE、EOSID、C4、C5、E0、V0，最后单击对话框右上角的 Accept。空气状态方程设置具体参数如图 5.55 所示。

图 5.55　空气状态方程参数设置

炸药状态方程设置具体操作如下：单击 All→EOS→JWL，弹出相应对话框，输入 TITLE、EOSID、A、B、R1、R2、OMEG、E0、V0，最后单击对话框右上角的 Accept。炸药状态方程设置具体参数如图 5.56 所示。

图 5.56　炸药状态方程参数设置

2) 定义材料

卸扣、柱、落石材料均采用 003-PLASTIC_KINEMATIC，炸药材料采用 008-HIGH_EXPLOSIVE_BURN，山体材料采用 020-RIGID，网片材料采用 024-PIECEWISE_LINEAR_PLASTICITY，支撑绳和拉锚绳材料采用 071-CABLE_DISCRETE_BEAM，安全带材料采用 B01-SEATBELT。

对本例中环形网片的材料特性定义，具体做法为：依次单击 All→024-PIECEWISE_LINEAR_PLASTICITY，此时会弹出相应对话框，先单击 NewID，再依次输入 TITLE、MID(材料编号)、RO(密度)、E(弹性模量)，PR(泊松比)及 SIGY(屈服强度)、FAIL，LCSS 部分选取环形网片的应力-应变曲线，最后单击对话框右上角 Accept。环形网片材料参数具体设置如图 5.57 所示。

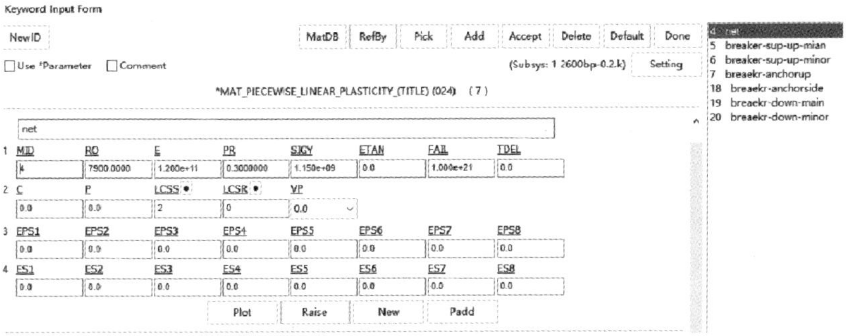

图 5.57　环形网片材料参数设置

本模型其他构件材料如表 5.2 所示，具体操作同上。

表 5.2　各构件材料参数

模型	单元	材料	密度/(kg/m³)	弹性模量/MPa
山体	实体	刚性	2500	2.0×10^4
地面	壳	弹性	2510	2.0×10^4
炸药	ALE 多物质实体	高能炸药	1600	—
空气	ALE 多物质实体	空材料	1.225	—

模型	单元	材料	密度/(kg/m³)	弹性模量/MPa
网片	梁	多段线性塑性	7900	1.2×10^5
减压环	梁	多段线性塑性	7900	1.5×10^5
支撑绳、拉锚绳	梁	离散梁	7900	1.2×10^5
钢柱	梁	理想弹塑性	7900	2.06×10^5

3) 定义截面

岩体、落石、炸药和空气采用 SOLID 单元，地面采用 SHELL 单元，其余部分如网片、支撑绳、钢柱等均采用 BEAM 单元。以本例中环形网片梁单元截面定义为例，具体做法为：依次单击 All→SECTION→BEAM，此时会弹出相应对话框，先单击 NewID，再依次输入 TITLE、SECID（截面编号）、ELFORM（构件积分公式选择）、SHRF（剪切系数）、OR/IRID、CST（横截面类型）、TS1、TS2，最后单击对话框右上角 Accept。本模型环形网片截面设置具体参数如图 5.58 所示。

图 5.58　环形网片单元设置

注：钢柱截面须先在 INTEGRATION 里设置好其工字钢参数，再通过 OR/IRID 引用。其他构件材料按实际需求设置，具体操作同上

5. 定义 PART 信息

本例中 PART 的划分已经在网格划分时确定，该步操作主要是为 PART 赋予材料及截面。对本例中河道 PART 的参数定义，具体做法为：单击 Model→PART，单击 PART 卡片，弹出相应对话框，右侧选项单击 net，在 PART 对话框中输入相关的参数，依次在每一栏中填写截面模型（SECID）、材料模型（MID）。在 PART 定义界面上，单击 SECID 右边的链接点，在对应的 Link 对话框中选择之前定义的 SECTION，单击 Done，即完成截面的赋予，其余同理。填写完成后，单击 Accept，完成对河道截面、材料的定义。

6. 施加荷载

施加重力荷载（图 5.59），具体做法如下：单击 All→LOAD，下拉选择 BODY_Z 卡片，弹出相应对话框，单击 Add，在对话框中任意输入相关的参数，依次在每一栏中填写 LCID、SF 等参数。

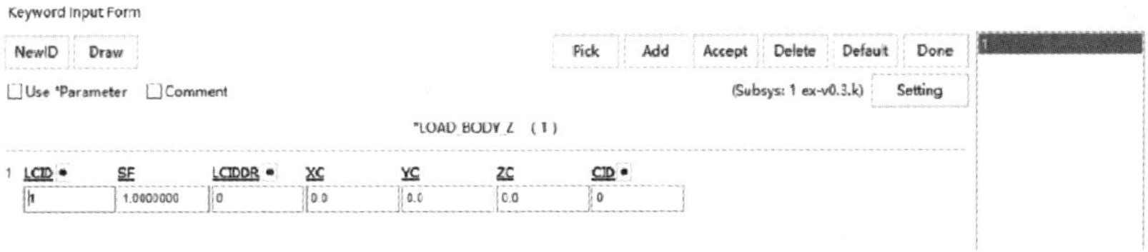

图 5.59　荷载卡片

7. 设置起爆点

本模型需要设置炸药的起爆点位置，具体操作如下：依次单击 All→INITIAL→DETONATION，此时会弹出相应对话框，先单击左上角的 NewID，然后单击 PID 选择需要的炸药 PART，再设置位置参数。本模型起爆点位置参数如图 5.60 所示。

图 5.60　起爆点设置

8. 边界条件设置

1) 创建 NODE_LIST，定义约束的节点

创建系统锚固端约束节点组，具体做法为：单击 All→SET，下拉选择 NODE_LIST 卡片，弹出相应对话框，单击 Add，在对话框中填写好节点组名（TITLE）、节点组序号（NSID），单击 Pick，通过对应的 Link 对话框，在模型中选择支撑绳、钢柱和拉锚绳锚固端的点。选择完成后，单击 Accept 关闭 Link 对话框，单击 NODE_LIST 卡片 Insert→Accept，完成锚固端约束节点组的创建。重复上面的操作，创建卸扣沿支撑绳滑移点组。

2) 定义约束类型和参数

本模型需要固定地面及支撑绳、钢柱和拉锚绳底部，以固定支撑绳、钢柱和拉锚绳底部为例，具体操作如下：依次单击 All→BOUNDARY→SPC_SET，此时会弹出相应对话框，先单击 NewID，然后单击 NSID 选择需要设置边界条件的点集，再输入 DOFX、DOFY、DOFZ、DOFRX、DOFRY、DOFRZ，最后单击对话

框右上角的 Accept。支撑绳、钢柱和拉锚绳底部固定设置参数如图 5.61 所示。

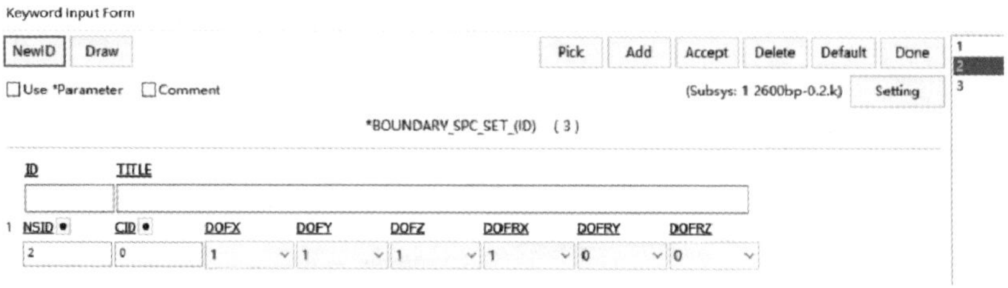

图 5.61 支撑绳、钢柱和拉锚绳底部参数设置

9. 接触设置

本模型设置的接触共四种，分别是自动梁-面接触（AUTOMATIC_BEAMS_TO_SURFACE）、通用接触（AUTOMATIC_GENERAL）、自动面-面接触（AUTOMATIC SURFACE TO SURFACE）和滑移接触（GUIDE_CABLE_SET）。

1）创建 PART_LIST

创建网片、卸扣、纵向绳、横向绳的 PART_LIST，具体做法为：单击 All→SET，下拉选择 PART_LIST 卡片，弹出相应对话框，单击 Add，在对话框中输入相关的参数，依次填写组名（TITLE）、组序号（SID），在第二行中单击 PID1、PID2、PID3、PID4 以此选择网片、卸扣、纵向绳、横向绳所在 PART，选择完成后依次单击 Insert→Accept，完成对网片、卸扣、纵向绳、横向绳的 PART_LIST 的定义。

2）自动梁-面接触

本模型需要设置自动梁-面接触的有两组，分别是落石与环形网片的接触，网片与支撑绳、拉锚绳和钢柱形成与山体和地面的接触。以落石与环形网片的接触为例，具体操作如下：在 LS-PrePost 单击 All→CONTACT→AUTOMATIC_BEAMS_TO_SURFACE，此时会弹出相应对话框，先单击左上角的 NewID，再依次输入 TITLE、SSTYP、MSTYP、SSID、MSID、FS、FD、VDC、DT、SFS、SFM、SFST、SFMT、FSF、VSF，最后单击对话框右上角的 Accept。落石与环形网片的自动梁-面接触参数设置如图 5.62 所示。

3）通用接触

本模型网片、卸扣、纵向绳、横向绳需要设置通用接触。具体操作如下：单击 All→CONTACT→AUTOMATIC_GENERAL，此时会弹出相应对话框，先单击 NewID，再依次输入 TITLE、SSTYP、MSTYP、SSID 与 MSID 选择刚刚设置的 PART-LIST、FS、FD、VDC、DT、SFS、SFM、SFST、 SFMT、FSF、VSF，再选择 ABC，然后依次输入 SOFT、SOFSCL、MAXPAR、SBOPT、DEPTH、FRCFRO、

IGAP、IGNORE，最后单击对话框右上角的 Accept，通用接触参数设置如图 5.63 所示。

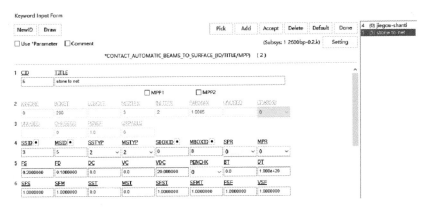

图 5.62　落石与环形网片的自动梁-面接触参数设置

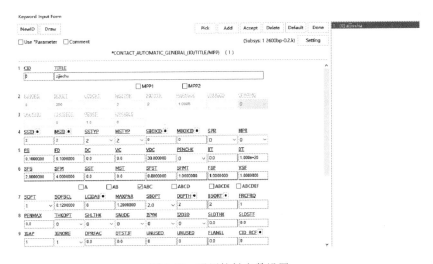

图 5.63　通用接触参数设置

4）自动面-面接触

本模型需要设置自动面-面接触的有三组，分别是落石与山体、落石与落石、落石与地面。以落石与山体为例，具体操作如下：单击 All→CONTACT→AUTOMATIC_SURFACE_TO_SURFACE，此时会弹出相应对话框，单击 NewID，再依次输入 TITLE、SSTYP、MSTYP、SSID、MSID、FS、FD、VDC、DT、SFS、SFM、SFST、SFMT、FSF、VSF，最后单击对话框右上角的 Accept。落石与山体的自动面-面接触设置参数如图 5.64 所示。

图 5.64　落石与山体面-面接触参数设置

5) 滑移接触

本模型卸扣需沿着相应的支撑绳滑移，故两者之间需要设置滑移接触。具体操作如下：首先将卸扣沿着支撑绳滑移的点设成一个点集，相应的支撑绳设成一个 Part 集，设好后再输入滑移参数，本模型卸扣与支撑绳的滑移接触具体参数如图 5.65 所示。

图 5.65　卸扣与支撑绳滑移接触参数设置

10. 阻尼设置

阻尼设置使用全局阻尼 DAMPING_GLOBAL，具体操作如下：单击 All→DAMPING→GLOBAL，弹出相应对话框，输入 VALDMP，最后单击对话框右上角的 Accept。阻尼设置具体参数如图 5.66 所示。

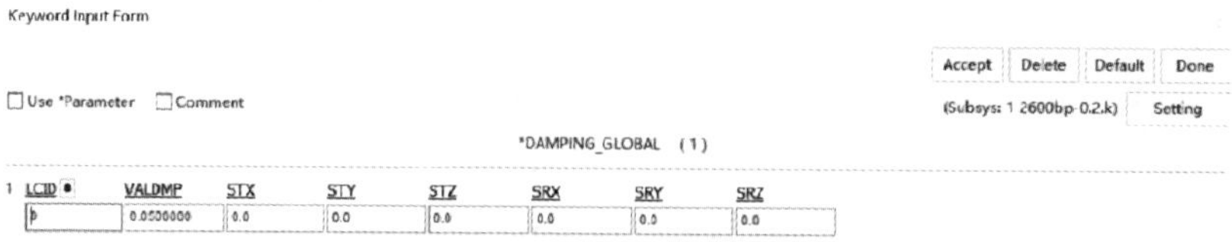

图 5.66　阻尼各项参数设置

11. 流体设置

本模型空气和炸药需要设置成流体形式。以设置空气为例，具体操作如下：依次单击 All→ALE→MULTI_MATERIAL_GROUP，弹出相应对话框，选择需要设置的 PART，再输入 IDTYPE，最后单击对话框右上角的 Accept。空气流体参数设置如图 5.67 所示。

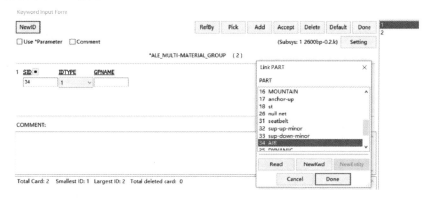

图 5.67　空气流体参数设置

12. 耦合设置

1) 建立耦合 PART_LIST

此处需要设置 2 个 PART_LIST，分别是 LAG PART_LIST 与 ALE PART_LIST，以建立 LAG PART_LIST 为例，具体操作如下：依次单击 Model→CreEnt→Set Data→*SET-PART→Cre→Title（LAG）→选择山体和石头 PART→Apply，设置好的 LAG PART_LIST 如图 5.68 所示。

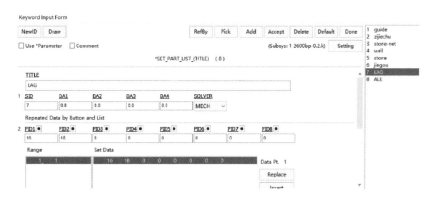

图 5.68　设置好的 LAG PART_LIST

2) 耦合关系建立

耦合关系建立具体操作如下：依次单击 All → CONSTRAINED → LAGRANGE_IN_SOLID，弹出相应对话框，依次输入 TITLE、SLAVE、MASTER、NOUAD、CTYPE、DIREC、END、PFAC、FRIC、FRCMIN、PLEAK，最后单击对话框右上角的 Accept。耦合关系建立具体参数如图 5.69 所示。

图 5.69　耦合关系建立参数设置

13. 定义控制求解参数

对本例中的求解参数，本次模型需要设置的控制参数有 TERMINATION、ALE、ENERGY、HOURGLASS、TIMESTEP，分别用于设置求解时长、流体、能量、沙漏和时间步长等控制参数，卡片输入参数如图 5.70～图 5.74 所示。

图 5.70　TERMINATION 参数设置

图 5.71 ALE 参数设置

图 5.72 ENERGY 参数设置

图 5.73 HOURGLASS 参数设置

图 5.74 TIMESTEP 参数设置

14. 设置输出文件类型和内容

以实际需求设置输出，主要在 DATABASE 里设置 ASCII_option（图 5.75）、BINARY_D3PLOT（图 5.76）、BINARY_D3THDT（图 5.77）、BINARY_ INTFOR（图 5.78）、EXTENT_BINARY（图 5.79）。

图 5.75　ASCII_option 参数设置

图 5.76　BINARY_D3PLOT 参数设置

图 5.77　BINARY_D3THDT 参数设置

图 5.78　BINARY_INTFOR 参数设置

图 5.79　EXTENT_BINARY 参数设置

15. 递交 LS-DYNA 程序求解

上述参数设置完成后，选择菜单项 File→Save→Save Keyword，保存 K 文件。使用 LS_RUN 软件提交求解。

设置 LS_DYNA 求解器所在位置，调用求解器，设置 CPU 数量等，再将设置好的 K 文件添加到任务栏中，设置完成单击开始计算即可。在 Job Table 选项卡中，可观察计算时的具体信息，ETA 栏表示 LS_RUN 预估计算时间。勾选 Local 右侧选项，即可通过 Windows 命令窗口观察计算过程。计算完成后可直接查看 message 文件信息。LS-RUN 运行界面如图 5.80 所示。

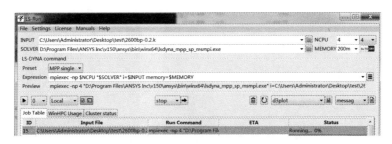

图 5.80　LS-RUN 运行界面

16. 后处理

计算结束后，程序按照要求输出用于 LS-PrePost 后处理的结果文件，按照如下步骤在 LS-PrePost 中进行后处理。

1）读入结果文件

通过 LS-PrePost 菜单项 File→Open→LS DYNA Binary Plot，在弹出的对话框中选择打开工作目录下的二进制结果文件 D3plot，将结果信息读入 LS-PrePost 后处理器，输出研究所需提出的结果。

2) 取系统整体变形

取系统整体变形的具体操作如下所述：单击 Post→FriComp→Ndv→Result Displacement 即可显示系统整体变形云图；单击播放键可看到随时间变化系统整体的变形情况，部分结果如图 5.81～图 5.84 所示。

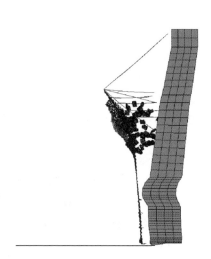

图 5.81 t=0.155s

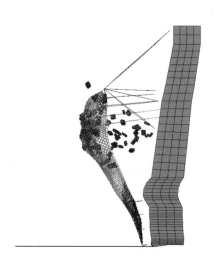

图 5.82 t=0.415s

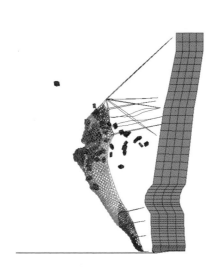

Resultant Displacement

1.308e+01
1.178e+01
1.047e+01
9.159e+00
7.851e+00
6.542e+00
5.234e+00
3.925e+00
2.617e+00
1.308e+00
0.000e+00

图 5.83　*t*=0.605s

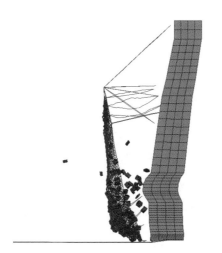

Resultant Displacement

3.112e+01
2.801e+01
2.490e+01
2.178e+01
1.867e+01
1.556e+01
1.245e+01
9.336e+00
6.224e+00
3.112e+00
0.000e+00

图 5.84　*t*=1.590s

3）动能时程曲线

动能时程曲线具体操作如下：单击 History→Global→Kinetic Energy→Plot，
输出运算结果，如图 5.85 所示。

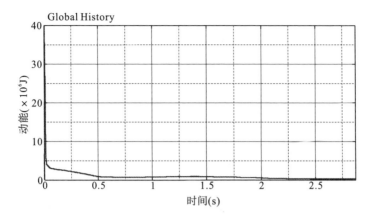

图 5.85　动能时程曲线

4) 冲击力时程曲线

冲击力时程曲线具体操作如下：单击 Binout→Load→点 Open File List 框里的内容→rcforc→S-2:stone-net→resultant_force→Plot，输出结果如图 5.86 所示。

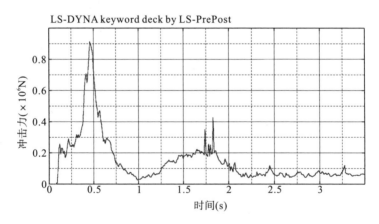

图 5.86　冲击力时程曲线

5) 冲击位移时程曲线

冲击位移时程曲线具体操作如下：单击 History→Nodal→Pick 模型里的 Stone Part→Z-displacement→Max→Plot，输出结果如图 5.87 所示。

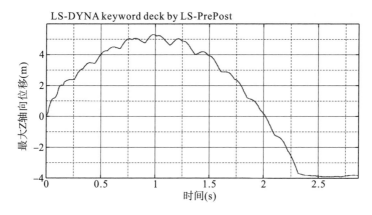

图 5.87　冲击位移时程曲线

6）拉锚绳减压环伸长量时程曲线

拉锚绳减压环伸长量时程曲线具体操作如下：单击 Measure→Change in Length→选择拉锚绳减压环两点→Plot，输出结果如图 5.88 所示。

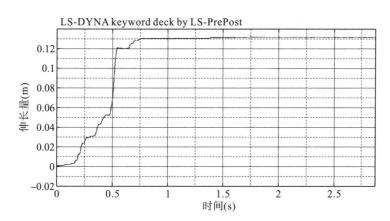

图 5.88　拉锚绳减压环伸长量时程曲线

7）支撑绳减压环伸长量时程曲线

支撑绳减压环伸长量时程曲线具体操作如下：单击 Measure→Change in Length→选择支撑绳减压环两点→Plot，输出结果如图 5.89 所示。

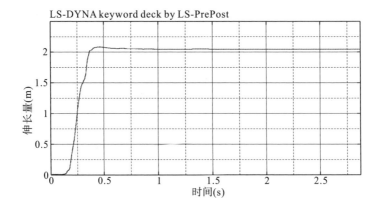

图 5.89   支撑绳减压环伸长量时程曲线

8)读取钢柱内力时程曲线

读取钢柱内力时程曲线具体操作如下：单击 History→Element（E-Type 选 BEAM）→Pick 模型里的 Zhu Part→Axial Force→Plot，输出结果如图 5.90 所示。

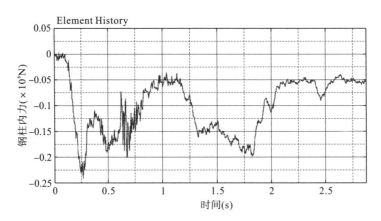

图 5.90   钢柱内力时程曲线

部分关键字如下：

*CONTROL_ALE$# LS-DYNA Keyword file created by LS-PrePost(R) V4.6.14 - 31Jul2019

$#	dct	nadv	meth	afac	bfac	cfac	dfac	efac
	2	1	2	-1.0	0.0	0.0	0.0	0.0
$#	start	end	aafac	vfact	prit	ebc	pref	nsidebc
	0.0	1.00000E20	1.0	1.00000E-6	0	0	0.0	0
$#	ncpl	nbkt	imascl	checkr	beamin	mmgpref	pdifmx	dtmufac
	1	50	0	0.0	0.0	0	0.0	0.0

*CONTROL_ENERGY

$#	hgen	rwen	slnten	rylen
	2	2	2	2

*CONTROL_HOURGLASS

$#	ihq		qh
	1		0.05

*CONTROL_SHELL

$ WRPANG ESORT IRNXX ISTUPD THEORY BWC MITER PROJ

$#	wrpang	esort	irnxx	istupd	theory	bwc	miter	proj
	0.0	1	0	0	2	2	1	0

$ ROTASCL INTGRD LAMSHT

$#	rotascl	intgrd	lamsht	cstyp6	thshel			
	0.0	0	0	1	0			
$#	psstupd	sidt4tu	cntco	itsflg	irquad	w-mode	stretch	icrq
	0	0	0	0	2	0.0	0.0	0
$#	nfail1	nfail4	psnfail	keepcs	delfr	drcpsid	drcprm	intperr
	0	0	0	0	0	0	1.0	0

*CONTROL_TERMINATION

$ ENDTIM ENDCYC DTMIN ENDENG ENDMAS

$#	endtim	endcyc	dtmin	endeng	endmas	nosol
	3.5	0	0.0	0.0	0.0	0

*CONTROL_TIMESTEP

$#	dtinit	tssfac	isdo	tslimt	dt2ms	lctm	erode	ms1st
	0.0	0.6	0	0.0	-1.5000E-5	0	0	0
$#	dt2msf	dt2mslc	imscl	unused	unused	rmscl		
	0.0	0	0	0	0	0.0		

*DATABASE_ABSTAT

$#	dt	binary	lcur	ioopt
	0.001	0	0	1

*DATABASE_BNDOUT

$#	dt	binary	lcur	ioopt
	0.001	0	0	1

*DATABASE_DEFORC

$#	dt	binary	lcur	ioopt
	0.001	0	0	1

*DATABASE_ELOUT

$#	dt	binary	lcur	ioopt	option1	option2	option3	option4

| | 0.005 | 0 | 0 | 1 | 0 | 0 | 0 | 0 |

*DATABASE_GCEOUT

$#	dt	binary	lcur	ioopt
	0.005	0	0	1

*DATABASE_GLSTAT

$#	dt	binary	lcur	ioopt
	0.001	0	0	1

*DATABASE_MATSUM

$#	dt	binary	lcur	ioopt
	0.001	0	0	1

*DATABASE_NODOUT

$#	dt	binary	lcur	ioopt	option1	option2
	0.005	0	0	1	0.0	0

*DATABASE_RCFORC

$#	dt	binary	lcur	ioopt
	0.01	0	0	1

*DATABASE_RWFORC

$#	dt	binary	lcur	ioopt
	0.001	0	0	1

*DATABASE_SBTOUT

$#	dt	binary	lcur	ioopt
	0.005	0	0	1

*DATABASE_SECFORC

$#	dt	binary	lcur	ioopt
	0.005	0	0	1

*DATABASE_SLEOUT

$#	dt	binary	lcur	ioopt
	0.005	0	0	1

*DATABASE_SPCFORC

$#	dt	binary	lcur	ioopt
	0.005	0	0	1

*DATABASE_BINARY_D3PLOT

$	ENDTIM	ENDCYC	DTMIN	ENDENG	ENDMAS
$#	dt	lcdt	beam	npltc	psetid
	0.005	0	0	0	0
$#	ioopt				

```
                0
*DATABASE_BINARY_D3THDT
```

$	dt	lcdt	beam	npltc	psetid	istats	tstart	iavg
$#	dt	lcdt	beam	npltc	psetid			
	1.0	0	0	0	0			

```
*DATABASE_BINARY_INTFOR
```

$#	dt	lcdt	beam	npltc	psetid
	0.0	0	0	0	0
$#	ioopt				
	0				

```
*DATABASE_EXTENT_BINARY
```

$	neiph	neips	maxint	strflg	sigflg	epsflg	rltflg	engflg
$#	neiph	neips	maxint	strflg	sigflg	epsflg	rltflg	engflg
	0	0	0	1	1	1	1	1
$	cmpflg	ieverp	beamip	dcomp	shge	stssz	nethdt	
$#	cmpflg	ieverp	beamip	dcomp	shge	stssz	n3thdt	ialemat
	0	1	0	1	1	1	2	1
$#	nintsld	pkp_sen	sclp	hydro	msscl	therm	intout	nodout
	0	0	1.0	0	0	0	STRESS	
$#	dtdt	resplt	neipb	quadr	cubic			
	0	0	0	0	0			

```
*BOUNDARY_SPC_SET
```

$#	nsid	cid	dofx	dofy	dofz	dofrx	dofry	dofrz
	1428	0	1	1	1	0	0	0

```
*BOUNDARY_SPC_SET
```

$#	nsid	cid	dofx	dofy	dofz	dofrx	dofry	dofrz
	2	0	1	1	1	1	0	0

```
*BOUNDARY_SPC_SET
```

$#	nsid	cid	dofx	dofy	dofz	dofrx	dofry	dofrz
	4	0	1	0	1	0	0	0

```
*SET_NODE_LIST_TITLE
fix node
```

$#	sid	da1	da2	da3	da4	solver		
	4	0.0	0.0	0.0	0.0	MECH		
$#	nid1	nid2	nid3	nid4	nid5	nid6	nid7	nid8
	3719	141921	141928	141935	41370	0	0	0

*LOAD_BODY_Z

$#	lcid	sf	lciddr	xc	yc	zc	cid
	1	9.8	0	0.0	0.0	0.0	0

*CONTACT_AUTOMATIC_GENERAL_ID

$#cid   title   0zijiechu

$#	ssid	msid	sstyp	mstyp	sboxid	mboxid	spr	mpr
	2	2	2	2	0	0	0	0
$#	fs	fd	dc	vc	vdc	penchk	bt	dt
	0.1	0.1	0.0	0.0	30.0	0	0.0	1.00000E20
$#	sfs	sfm	sst	mst	sfst	sfmt	fsf	vsf
	2.0	4.0	0.0	0.0	0.8	1.0	1.0	1.0
$#	soft	sofscl	lcidab	maxpar	sbopt	depth	bsort	frcfrq
	1	0.12	0	1.2	2.0	2	2	1
$#	penmax	thkopt	shlthk	snlog	isym	i2d3d	sldthk	sldstf
	0.0	0	0	0	0	0	0.0	0.0
$#	igap	ignore	dprfac	dtstif	unused	unused	flangl	cid_rcf
	1	1	0.0	0.0	0	0	0.0	0

*SET_PART_LIST_TITLE

zijiechu

$#	sid	da1	da2	da3	da4	solver		
	2	0.0	0.0	0.0	0.0	MECH		
$#	pid1	pid2	pid3	pid4	pid5	pid6	pid7	pid8
	1	2	8	9	26	0	0	0

*CONTACT_AUTOMATIC_SURFACE_TO_SURFACE_ID

$#cid   title   0stone to mountain

$#	ssid	msid	sstyp	mstyp	sboxid	mboxid	spr	mpr
	5	16	2	3	0	0	0	0
$#	fs	fd	dc	vc	vdc	penchk	bt	dt
	0.2	0.2	0.0	0.0	30.0	0	0.0	1.00000E20
$#	sfs	sfm	sst	mst	sfst	sfmt	fsf	vsf
	0.05	0.05	0.0	0.0	1.0	1.0	1.0	1.0

*SET_PART_LIST_TITLE

stone

$#	sid	da1	da2	da3	da4	solver		
	5	0.0	0.0	0.0	0.0	MECH		
$#	pid1	pid2	pid3	pid4	pid5	pid6	pid7	pid8

| | 18 | 0 | 0 | 0 | 0 | 0 | 0 | 0 |

*CONTACT_AUTOMATIC_SURFACE_TO_SURFACE_ID

$#cid   title   5stone to stone

$#	ssid	msid	sstyp	mstyp	sboxid	mboxid	spr	mpr
	5	5	2	2	0	0	0	0
$#	fs	fd	dc	vc	vdc	penchk	bt	dt
	0.2	0.2	0.0	0.0	30.0	0	0.0	1.00000E20
$#	sfs	sfm	sst	mst	sfst	sfmt	fsf	vsf
	0.05	0.05	0.0	0.0	1.0	1.0	1.0	1.0

*CONTACT_AUTOMATIC_BEAMS_TO_SURFACE_ID

$#cid   title   0jiegou-shanti

$#	ssid	msid	sstyp	mstyp	sboxid	mboxid	spr	mpr
	6	4	2	2	0	0	0	0
$#	fs	fd	dc	vc	vdc	penchk	bt	dt
	0.2	0.1	0.0	0.0	0.0	0	0.0	1.00000E20
$#	sfs	sfm	sst	mst	sfst	sfmt	fsf	vsf
	1.0	1.0	0.0	0.0	1.0	1.0	1.0	1.0

*CONTACT_AUTOMATIC_BEAMS_TO_SURFACE_ID

$#cid   title   5stone to net

$#	ssid	msid	sstyp	mstyp	sboxid	mboxid	spr	mpr
	3	5	2	2	0	0	0	0
$#	fs	fd	dc	vc	vdc	penchk	bt	dt
	0.2	0.1	0.0	0.0	20.0	0	0.0	1.00000E20
$#	sfs	sfm	sst	mst	sfst	sfmt	fsf	vsf
	1.0	1.0	0.0	0.0	1.0	1.0	1.0	1.0

*CONTACT_AUTOMATIC_SURFACE_TO_SURFACE_ID

$#cid   title   6stone to ground

$#	ssid	msid	sstyp	mstyp	sboxid	mboxid	spr	mpr
	5	15	2	3	0	0	0	0
$#	fs	fd	dc	vc	vdc	penchk	bt	dt
	0.2	0.2	0.0	0.0	30.0	0	0.0	1.00000E20
$#	sfs	sfm	sst	mst	sfst	sfmt	fsf	vsf
	0.05	0.05	0.0	0.0	1.0	1.0	1.0	1.0

*CONTACT_GUIDED_CABLE_SET

$#	nsid	psid	soft	ssfac	fric
	3	1	1	1.0	0.15

*PART_CONTACT

$#								title
net								

$#	pid	secid	mid	eosid	hgid	grav	adpopt	tmid
	1	1	4	0	0	0	0	0

$#	fs	fd	dc	vc	optt	sft	ssf	
	0.0	0.0	0.0	0.0	0.0	0.0	1.0	

*SECTION_BEAM_TITLE

net

$#	secid	elform	shrf	qr/irid	cst	scoor	nsm
	1	1	0.5	2	1	0.0	0.0

$#	ts1	ts2	tt1	tt2	nsloc	ntloc	
	0.012	0.012	0.0	0.0	0.0	0.0	

*MAT_PIECEWISE_LINEAR_PLASTICITY_TITLE

net

$#	mid	ro	e	pr	sigy	etan	fail	tdel
	4	7900.0	1.20000E11	0.3	1.150000E9	0.0	1.00000E21	0.0

$#	c	p	lcss	lcsr	vp			
	0.0	0.0	2	0	0.0			

$#	eps1	eps2	eps3	eps4	eps5	eps6	eps7	eps8
	0.0	0.0	0.0	0.0	0.0	0.0	0.0	0.0

$#	es1	es2	es3	es4	es5	es6	es7	es8
	0.0	0.0	0.0	0.0	0.0	0.0	0.0	0.0

*PART

$#								
title								
xiekou								

$#	pid	secid	mid	eosid	hgid	grav	adpopt	tmid
	2	2	1	0	0	0	0	0

*SECTION_BEAM_TITLE

xiekou

$#	secid	elform	shrf	qr/irid	cst	scoor	nsm
	2	1	0.9	2	1	0.0	0.0

$#	ts1	ts2	tt1	tt2	nsloc	ntloc	
	0.018	0.018	0.0	0.0	0.0	0.0	

*MAT_PLASTIC_KINEMATIC_TITLE

Q235

$#	mid	ro	e	pr	sigy	etan	beta
	1	7900.0	2.06000E11	0.3	3.450000E8	0.0	0.0
$#	src	srp	fs	vp			
	0.0	0.0	0.0	0.0			

*PART

$#

title

sup-up-main

$#	pid	secid	mid	eosid	hgid	grav	adpopt	tmid
	4	4	3	0	0	0	0	0

*SECTION_BEAM_TITLE

sup-up-main2@22

$#	secid	elform	shrf	qr/irid	cst	scoor	nsm	
	4	6	0.0	2	1	0.0	0.0	
$#	vol	iner	cid	ca	offset	rrcon	srcon	trcon
	0.0	0.0	0	2.05000E-4	0.0	0.0	0.0	0.0

*MAT_CABLE_DISCRETE_BEAM_TITLE

cable

$#	mid	ro	e	lcid	f0	tmaxf0	tramp	iread
	3	7900.0	1.20000E11	0	0.0	0.0	0.0	0

*PART

$#

title

anchor-side

$#	pid	secid	mid	eosid	hgid	grav	adpopt	tmid
	5	21	3	0	0	0	0	0

*SECTION_BEAM_TITLE

anchor side1@18

$#	secid	elform	shrf	qr/irid	cst	scoor	nsm	
	21	6	0.0	2	1	0.0	0.0	
$#	vol	iner	cid	ca	offset	rrcon	srcon	trcon
	0.0	0.0	0	1.25000E-4	0.0	0.0	0.0	0.0

*PART

$#

title

sup-down-main

$#	pid	secid	mid	eosid	hgid	grav	adpopt	tmid
	7	22	3	0	0	0	0	0

*SECTION_BEAM_TITLE

sup-down-main-2@22

$#	secid	elform	shrf	qr/irid	cst	scoor	nsm	
	22	6	0.0	2	1	0.0	0.0	
$#	vol	iner	cid	ca	offset	rrcon	srcon	trcon
	0.0	0.0	0	2.05000E-4	0.0	0.0	0.0	0.0

*PART

$#

title

zong sheng

$#	pid	secid	mid	eosid	hgid	grav	adpopt	tmid
	8	8	3	0	0	0	0	0

*SECTION_BEAM_TITLE

zong sheng-18

$#	secid	elform	shrf	qr/irid	cst	scoor	nsm	
	8	6	0.0	2	1	0.0	0.0	
$#	vol	iner	cid	ca	offset	rrcon	srcon	trcon
	0.0	0.0	0	1.25000E-4	0.0	0.0	0.0	0.0

*PART

$#

title

ci zong sheng

$#	pid	secid	mid	eosid	hgid	grav	adpopt	tmid
	9	9	3	0	0	0	0	0

*SECTION_BEAM_TITLE

ci zong sheng-18

$#	secid	elform	shrf	qr/irid	cst	scoor	nsm	
	9	6	0.0	2	1	0.0	0.0	
$#	vol	iner	cid	ca	offset	rrcon	srcon	trcon
	0.0	0.0	0	1.25000E-4	0.0	0.0	0.0	0.0

*PART

$#

title

breaker-sup-up-main

$#	pid	secid	mid	eosid	hgid	grav	adpopt	tmid
	10	12	5	0	0	0	0	0

*SECTION_BEAM_TITLE

breaker

$#	secid	elform	shrf	qr/irid	cst	scoor	nsm
	12	1	0.5	2	0	0.0	0.0
$#	ts1	ts2	tt1	tt2	nsloc	ntloc	
	0.01	0.01	0.01	0.01	0.0	0.0	

*MAT_PIECEWISE_LINEAR_PLASTICITY_TITLE

breaker-sup-up-mian

$#	mid	ro	e	pr	sigy	etan	fail	tdel
	5	7900.0	1.50000E11	0.3	1.0	0.0	1.00000E21	0.0
$#	c	p	lcss	lcsr	vp			
	0.0	0.0	3	0	0.0			
$#	eps1	eps2	eps3	eps4	eps5	eps6	eps7	eps8
	0.0	0.0	0.0	0.0	0.0	0.0	0.0	0.0
$#	es1	es2	es3	es4	es5	es6	es7	es8
	0.0	0.0	0.0	0.0	0.0	0.0	0.0	0.0

*PART

$#

title

zhuzi

$#	pid	secid	mid	eosid	hgid	grav	adpopt	tmid
	11	11	1	0	0	0	0	0

*SECTION_BEAM_TITLE

zhuzi

$#	secid	elform	shrf	qr/irid	cst	scoor	nsm
	11	1	0.448	-1	2	0.0	0.0
$#	ts1	ts2	tt1	tt2	nsloc	ntloc	
	0.0	0.0	0.0	0.0	0.0	0.0	

*PART

$#

title

breaker-up-minor

$#	pid	secid	mid	eosid	hgid	grav	adpopt	tmid
	13	12	6	0	0	0	0	0

*MAT_PIECEWISE_LINEAR_PLASTICITY_TITLE

breaker-sup-up-minor

$#	mid	ro	e	pr	sigy	etan	fail	tdel
	6	7900.0	1.50000E11	0.3	1.0	0.0	1.00000E21	0.0

$#	c	p	lcss	lcsr	vp			
	0.0	0.0	8	0	0.0			

$#	eps1	eps2	eps3	eps4	eps5	eps6	eps7	eps8
	0.0	0.0	0.0	0.0	0.0	0.0	0.0	0.0

$#	es1	es2	es3	es4	es5	es6	es7	es8
	0.0	0.0	0.0	0.0	0.0	0.0	0.0	0.0

*PART

$#

title

breaker-anchorup

$#	pid	secid	mid	eosid	hgid	grav	adpopt	tmid
	14	12	7	0	0	0	0	0

*MAT_PIECEWISE_LINEAR_PLASTICITY_TITLE

breaekr-anchorup

$#	mid	ro	e	pr	sigy	etan	fail	tdel
	7	7900.0	1.50000E11	0.3	1.0	0.0	1.00000E21	0.0

$#	c	p	lcss	lcsr	vp			
	0.0	0.0	5	0	0.0			

$#	eps1	eps2	eps3	eps4	eps5	eps6	eps7	eps8
	0.0	0.0	0.0	0.0	0.0	0.0	0.0	0.0

$#	es1	es2	es3	es4	es5	es6	es7	es8
	0.0	0.0	0.0	0.0	0.0	0.0	0.0	0.0

*PART

$name

$#

title

GROUND

$#	pid	secid	mid	eosid	hgid	grav	adpopt	tmid
	15	14	8	0	0	0	0	0

*SECTION_SHELL_TITLE

g

$	id	elformu	shrf	nip	propt	qr	icomp	setype
$#	secid	elform	shrf	nip	propt	qr/irid	icomp	setyp
	14	1	0.0	0	1.0	0	0	1
$#	t1	t2	t3	t4	nloc	marea	idof	edgset
	0.04	0.04	0.04	0.04	0.0	0.0	0.0	0

*MAT_ELASTIC_TITLE

elstic

$	MID	RO	E		PR	DA	DB	K
$#	mid	ro	e		pr	da	db	notused
	8	2510.0	2.00000E10		0.3	0.0	0.0	0.0

*PART

$name

$#

title

MOUNTAIN

$#	pid	secid	mid	eosid	hgid	grav	adpopt	tmid
	16	15	9	0	0	0	0	0

*SECTION_SOLID_TITLE

st

$		id		elformu		aet	
$#		secid		elform		aet	
		15		1		4	

*MAT_RIGID_TITLE

mountain

$#	mid	ro	e	pr	n	couple	m	alias
	9	2500.0	2.00000E10	0.3	0.0	0.0	0.0	0.0
$#	cmo	con1	con2					
	0.0	0	0					
$#	lco or a1	a2	a3	v1	v2	v3		
	0.0	0.0	0.0	0.0	0.0	0.0		

*PART

$#

title

anchor-up

$#	pid	secid	mid	eosid	hgid	grav	adpopt	tmid

17	20	3	0	0	0	0	0

*SECTION_BEAM_TITLE

anchor up1@24

$#	secid	elform	shrf	qr/irid	cst	scoor	nsm	
	20	6	0.0	2	1	0.0	0.0	

$#	vol	iner	cid	ca	offset	rrcon	srcon	trcon
	0.0	0.0	0	2.05000E-4	0.0	0.0	0.0	0.0

*PART

$name

$#

title

st

$#	pid	secid	mid	eosid	hgid	grav	adpopt	tmid
	18	15	15	0	3	0	0	0

*MAT_PLASTIC_KINEMATIC_TITLE

STONE1~16

$#	mid	ro	e	pr	sigy	etan	beta
	15	2600.0	5.50000E10	0.27	1.170000E8	0.0	0.0

$#	src	srp		fs		vp	
	0.0	0.0		0.0		0.0	

*HOURGLASS_TITLE

LAG

$#	hgid	ihq	qm	ibq	q1	q2	qb/vdc	qw
	3	4	0.05	0	1.5	0.06	0.1	0.1

*PART_CONTACT

$#

title

null net

$#	pid	secid	mid	eosid	hgid	grav	adpopt	tmid
	26	17	14	0	0	0	0	0

$#	fs	fd	dc	vc	optt	sft	ssf
	0.0	0.0	0.0	0.0	0.0	0.0	1.0

*SECTION_BEAM_TITLE

null net

$#	secid	elform	shrf	qr/irid	cst	scoor	nsm
	17	1	0.5	2	1	0.0	0.0

$#	ts1	ts2	tt1	tt2	nsloc	ntloc		
	0.006	0.006	0.0	0.0	0.0	0.0		

*MAT_NULL_TITLE

null net

$#	mid	ro	pc	mu	terod	cerod	ym	pr
	14	10.0	0.0	0.0	0.0	0.0	0.0	0.3

*PART

$#

title

seatbelt

$#	pid	secid	mid	eosid	hgid	grav	adpopt	tmid
	31	16	11	0	0	0	0	0

*SECTION_SEATBELT_TITLE

seatbelt

$#	secid	area	thick
	16	0.0	0.0

*MAT_SEATBELT_TITLE

seatbelt

$#	mid	mpul	llcid	ulcid	lmin	cse	damp	e
	11	3.0	6	6	0.005	0.0	0.0	0.0

*PART

$#

title

sup-up-minor

$#	pid	secid	mid	eosid	hgid	grav	adpopt	tmid
	32	5	3	0	0	0	0	0

*SECTION_BEAM_TITLE

sup-up-minor1@18

$#	secid	elform	shrf	qr/irid	cst	scoor	nsm	
	5	6	0.0	2	1	0.0	0.0	
$#	vol	iner	cid	ca	offset	rrcon	srcon	trcon
	0.0	0.0	0	1.25000E-4	0.0	0.0	0.0	0.0

*PART

$#

title

sup-down-minor

$#	pid	secid	mid	eosid	hgid	grav	adpopt	tmid
	33	23	3	0	0	0	0	0

*SECTION_BEAM_TITLE

sup-down-minor-1@18

$#	secid	elform	shrf	qr/irid	cst	scoor	nsm
	23	6	0.0	2	1	0.0	0.0

$#	vol	iner	cid	ca	offset	rrcon	srcon	trcon
	0.0	0.0	0	1.25000E-4	0.0	0.0	0.0	0.0

*PART

$#

title

AIR

$#	pid	secid	mid	eosid	hgid	grav	adpopt	tmid
	34	18	17	2	2	0	0	0

*SECTION_SOLID_TITLE

AIR

$		id		elformu		aet
$#		secid		elform		aet
		18		11		0

*MAT_NULL_TITLE

AIR

$#	mid	ro	pc	mu	terod	cerod	ym	pr
	17	1.225	0.0	0.0	0.0	0.0	0.0	0.0

*EOS_LINEAR_POLYNOMIAL_TITLE

AIR

$#	eosid	c0	c1	c2	c3	c4	c5	c6
	2	0.0	0.0	0.0	0.0	0.4	0.4	0.0

$#	e0	v0
	250000.0	1.0

*HOURGLASS_TITLE

ALE

$#	hgid	ihq	qm	ibq	q1	q2	qb/vdc	qw
	2	2	0.1	0	2.0	0.06	0.1	0.1

*PART

$#

title

DYNAMIC

$#	pid	secid	mid	eosid	hgid	grav	adpopt	tmid
	35	19	16	1	2	0	0	0

*SECTION_SOLID_TITLE

DYNAMIC

$		id		elformu		aet	
$#		secid		elform		aet	
		19		11		3	

*MAT_HIGH_EXPLOSIVE_BURN_TITLE

DYNAMIC

$#	mid	ro	d	pcj	beta	k	g	sigy
	16	1600.0	7000.0	1.85000E10	0.0	0.0	0.0	0.0

*EOS_JWL_TITLE

DYNAMIC

$#	eosid	a	b	r1	r2	omeg	e0	vo
	1	3.71200E11	3.230000E9	4.15	0.95	0.3	7.000000E9	0.0

*PART

$#

title

breaker-anchorside

$#	pid	secid	mid	eosid	hgid	grav	adpopt	tmid
	36	12	18	0	0	0	0	0

*MAT_PIECEWISE_LINEAR_PLASTICITY_TITLE

breaekr-anchorside

$#	mid	ro	e	pr	sigy	etan	fail	tdel
	18	7900.0	1.20000E11	0.3	1.0	0.0	1.00000E21	0.0
$#	c	p	lcss	lcsr	vp			
	0.0	0.0	7	0	0.0			
$#	eps1	eps2	eps3	eps4	eps5	eps6	eps7	eps8
	0.0	0.0	0.0	0.0	0.0	0.0	0.0	0.0
$#	es1	es2	es3	es4	es5	es6	es7	es8
	0.0	0.0	0.0	0.0	0.0	0.0	0.0	0.0

*PART

$#

title

breaker-down-main

$#	pid	secid	mid	eosid	hgid	grav	adpopt	tmid
	37	12	19	0	0	0	0	0

*MAT_PIECEWISE_LINEAR_PLASTICITY_TITLE

breaekr-down-main

$#	mid	ro	e	pr	sigy	etan	fail	tdel
	19	7900.0	1.20000E11	0.3	1.0	0.0	1.00000E21	0.0

$#	c	p	lcss	lcsr	vp			
	0.0	0.0	9	0	0.0			

$#	eps1	eps2	eps3	eps4	eps5	eps6	eps7	eps8
	0.0	0.0	0.0	0.0	0.0	0.0	0.0	0.0

$#	es1	es2	es3	es4	es5	es6	es7	es8
	0.0	0.0	0.0	0.0	0.0	0.0	0.0	0.0

*PART

$#

title

breaker-down-minor

$#	pid	secid	mid	eosid	hgid	grav	adpopt	tmid
	38	12	20	0	0	0	0	0

*MAT_PIECEWISE_LINEAR_PLASTICITY_TITLE

breaekr-down-minor

$#	mid	ro	e	pr	sigy	etan	fail	tdel
	20	7900.0	1.20000E11	0.3	1.0	0.0	1.00000E21	0.0

$#	c	p	lcss	lcsr	vp			
	0.0	0.0	10	0	0.0			

$#	eps1	eps2	eps3	eps4	eps5	eps6	eps7	eps8
	0.0	0.0	0.0	0.0	0.0	0.0	0.0	0.0

$#	es1	es2	es3	es4	es5	es6	es7	es8
	0.0	0.0	0.0	0.0	0.0	0.0	0.0	0.0

*SECTION_SOLID_TITLE

m

$	id	elformu	aet
$#	secid	elform	aet
	13	1	4

*HOURGLASS

$#	hgid	ihq	qm	ibq	q1	q2	qb/vdc	qw
	1	4	0.05	0	1.5	0.06	0.1	0.1

$ 1 : Femap with NX Nastran Material 1

*MAT_PLASTIC_KINEMATIC_TITLE

xiekou

$#	mid	ro	e	pr	sigy	etan	beta
	2	7900.0	2.06000E11	0.3	4.0E9	0.0	0.0

$#	src	srp		fs	Vp		
	0.0	0.0		0.0	0.0		

*MAT_RIGID_TITLE

rigid-solid

$#	mid	ro	e	pr	N	couple	m	alias
	10	2500.0	2.00000E10	0.3	0.0	0.0	0.0	0.0

$#	cmo	con1	con2
	0.0	0	0

$#lco or	a1	a2	a3	v1	v2	v3
	0.0	0.0	0.0	0.0	0.0	0.0

*INITIAL_DETONATION

$#	pid	x	y	z	lt
	35	1397.86	2216.38	163.829	0.0

*DEFINE_CURVE_TITLE

G

$#	lcid	sidr	sfa	sfo	offa	offo	dattyp	lcint
	1	0	1.0	1.0	0.0	0.0	0	0

$#	a1	o1
	0.0	1.0
	5.0	1.0

*DEFINE_CURVE_TITLE

net

$#	lcid	sidr	sfa	sfo	offa	offo	dattyp	lcint
	2	0	1.0	1.0	0.0	0.0	0	0

$#	a1	o1
	0.0	8.5000000000e+08
	0.002	1.2000000000e+09
	0.06	1.7000000000e+09
	0.12	1.7000000000e+09

*DEFINE_CURVE_TITLE

breaker-sup-up-main

$#	lcid	sidr	sfa	sfo	offa	offo	dattyp	lcint
	3	0	1.0	1.0	0.0	0.0	0	0

$#	a1	o1
	0.0	1.0
	0.25	8.0000000000e+08
	2.2	1.0000000000e+09
	2.21	3.4000000000e+09

*DEFINE_CURVE_TITLE

breaker-anchorup

$#	lcid	sidr	sfa	sfo	offa	offo	dattyp	lcint
	5	0	1.0	1.0	0.0	0.0	0	0

$#	a1	o1
	0.0	1.0
	0.25	8.0000000000e+08
	1.61	1.0000000000e+09
	1.62	2.2000000000e+09

*DEFINE_CURVE_TITLE

seatbelt

$#	lcid	sidr	sfa	sfo	offa	offo	dattyp	lcint
	6	0	1.0	1.0	0.0	0.0	0	0

$#	a1	o1
	0.0	0.0
	0.01	1200000

*DEFINE_CURVE_TITLE

breaker-anchorside

$#	lcid	sidr	sfa	sfo	offa	offo	dattyp	lcint
	7	0	1.0	1.0	0.0	0.0	0	0

$#	a1	o1
	0.0	1.0
	0.25	4.0000000000e+08
	1.61	5.0000000000e+08
	1.62	1.7000000000e+09

*DEFINE_CURVE_TITLE

breaker-up-minor

$#	lcid	sidr	sfa	sfo	offa	offo	dattyp	lcint
	8	0	1.0	1.0	0.0	0.0	0	0

$#	a1	o1
	0.0	1.0
	0.25	4.0000000000e+08
	2.2	5.0000000000e+08
	2.21	1.7000000000e+09

*DEFINE_CURVE_TITLE

breaker-down-main

$#	lcid	sidr	sfa	sfo	offa	offo	dattyp	lcint
	9	0	1.0	1.0	0.0	0.0	0	0

$#	a1	o1
	0.0	1.0
	0.25	8.0000000000e+08
	2.2	1.0000000000e+09
	2.21	3.4000000000e+09

*DEFINE_CURVE_TITLE

breaker-down-minor

$#	lcid	sidr	sfa	sfo	offa	offo	dattyp	lcint
	10	0	1.0	1.0	0.0	0.0	0	0

$#	a1	o1
	0.0	1.0
	0.25	4.0000000000e+08
	2.2	5.0000000000e+08
	2.21	1.7000000000e+09

*ALE_MULTI-MATERIAL_GROUP

$#	sid	idtype	gpname
	34	1	0
	35	1	0

*CONSTRAINED_LAGRANGE_IN_SOLID_TITLE

$#	coupid	title	0ALE+LAG

$#	slave	master	sstyp	mstyp	nquad	ctype	direc	mcoup
	7	8	0	0	3	4	2	0

$#	start	end	pfac	fric	frcmin	norm	normtyp	damp
	0.0	1.00000E10	0.1	0.2	0.5	0	0	0.0

*DAMPING_GLOBAL

$#	lcid	valdmp	stx	sty	stz	srx	sry	srz
	0	0.05	0.0	0.0	0.0	0.0	0.0	0.0

*INTEGRATION_BEAM

$#	irid	nip	ra	icst	k			
	1	0	0.0	1	0			
$#	d1	d2	d3	d4	sref	tref	d5	d6
	0.2	0.012	0.2	0.008	0.0	0.0	0.0	0.0

第6章 耦合分析应用实例

6.1 概　　述

LS-DYNA 除了具有强大的结构非线性动力学分析功能，在耦合分析方面也非常突出，被广泛应用于航空航天、水利、土木、石油、化工、海洋、机械、生物等相关领域，具有非常广泛的应用前景，如在桥梁领域中河流对桥墩的冲击作用，在防灾减灾领域中泥石流对基建设施的冲击作用，在机械领域中部件的冲压、锻造等。

6.2 基于 ALE-FEM 的河流-桥墩耦合作用数值模拟

桥梁是大江大河上最常见的涉水建筑物之一，桥墩除承受上部荷载，河流对其冲刷作用也不容忽视。为此，基于可靠的数值分析方法，预判河流对桥墩的冲击荷载在桥梁设计中具有重要的现实意义。本节给出基于 ALE-FEM 的河流-桥墩耦合作用数值模拟前处理、求解及后处理的整个过程。

6.2.1 模型选定及假设

假定某河道断面为倒梯形，上底边长 30m，下底边长 10m，截取长度为 100m 的河道进行模拟。单根桥墩高 6m，直径为 1.2m，共两根桥墩，相距 6m。为考虑河道弯曲的影响，将上游距离桥墩 80m 的位置设为河水入口。河水以 5m/s 的速度自由流向下游，入口处水深 5m，模型如图 6.1 所示。

模型中，河水采用 ALE 方法模拟，河道及桥墩采用 FEM 模拟。河道、桥墩分别施加固定约束边界条件。河水与桥墩之间采用"*CONSTRAINED_LAGRANGE_IN_SOLID_EDGE"耦合算法实现两者的相互作用。整个建模过程采用 m-kg-s 单位制，请注意单位的协调一致。

建模步骤为：三维几何模型→网格模型→LS-PrePost 前处理→LS-DYNA 求解→LS-PrePost 后处理。本例重点介绍 LS-PrePost 前、后处理流程。

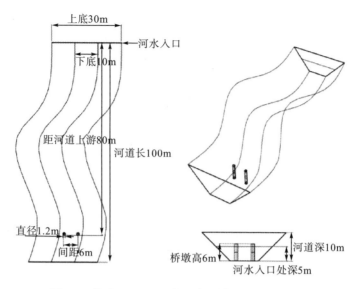

图 6.1 基于 ALE-FEM 的河流、桥墩三维几何模型

6.2.2 参数说明

河道采用 SHELL 单元，桥墩、河水、空气、入口等采用 SOLID 单元。河道及桥墩均采用刚性材料进行描述。河水采用 NULL 材料模型以及 GRUNEISEN 状态方程进行描述。其他具体参数详见 K 文件。

6.2.3 建模及求解

在 LS-PrePost 的图形用户界面中，按照如下步骤进行以上问题的建模和求解（假定已完成网格模型的划分）。

1. 导入网格模型

将网格划分软件如 ICEM-CFD 生成的网格模型导出为 K 文件，在 LS-PrePost 中打开，具体操作为：通过 LS-PrePost 菜单项 File→Open→Keyword File，选择打开工作目录下的网格模型。网格模型与计算模型如图 6.2 和图 6.3 所示。

图 6.2 ICEM 网格模型(空气域)

图 6.3 LS-PrePost 计算模型

2. 定义单元类型

河道采用 SHELL 单元, 其余部分如桥墩、河水、空气、入口等均采用 SOLID 单元。

3. 定义材料及截面

1) 定义材料

对本例中河道的材料特性进行定义, 具体做法为: 选择右侧菜单项 Model→Keyword, 弹出 Keyword Manager 对话框(其后的操作都基于该对话框进行, 不再赘述), 单击 All→MAT, 下拉选择 020-RIGID 材料卡片, 弹出相应对话框, 单击 Add, 在材料特性对话框中输入相关材料参数, 依次在每一栏中填写材料名(TITLE)、材料序号(MID)、材料密度(RO)、弹性模量(E)、泊松比(PR), 输入参数值如图 6.4 所示。填写完成后, 依次单击 Accept→Done, 关闭该对话框, 完成河道材料的定义。

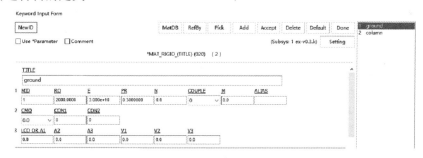

图 6.4　河道材料模型卡片

重复上面的操作, 在 MAT 中选择 020-RIGID 材料卡片, 定义桥墩的材料参数(图 6.5), 材料卡片名为 column, 材料序号为 2, 输入相关的参数。同理, 选择 009-NULL 材料卡片, 定义河水的材料参数(图 6.6), 材料卡片名为 water, 材料序号为 3, 输入相关参数。

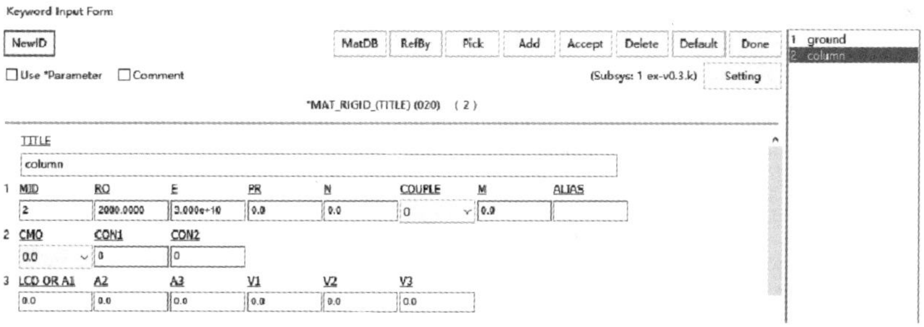

图 6.5　桥墩材料模型卡片

图 6.6　河水材料模型卡片

对本例中河水状态方程进行定义，具体做法为：单击 All→EOS，下拉选择 GRUNEISEN 卡片，弹出相应对话框，单击 Add，在状态方程对话框中输入相关的参数，依次在每一栏中填写状态方程名、状态方程序号、C、S1、S2、S3、GAMAO、A，输入参数如图 6.7 所示。填写完成后，单击 Accept，完成对河水状态方程的定义。

图 6.7　河水状态方程卡片

2) 定义截面

对本例中河道的截面特性进行定义，具体做法为：在 Keyword Manager 对话框中，单击 All→SECTION，下拉选择 SHELL 截面卡片，弹出相应对话框，单击 Add，在截面特性对话框中输入相关的参数，依次在每一栏中填写截面名(TITLE)、截面序号(SECID)、ELFORM、PROPT、SETYP、T1、T2、T3、T4，输入参数值如图 6.8 所示。填写完成后，依次单击 Accept→Done，关闭该对话框，完成河道截面的定义。

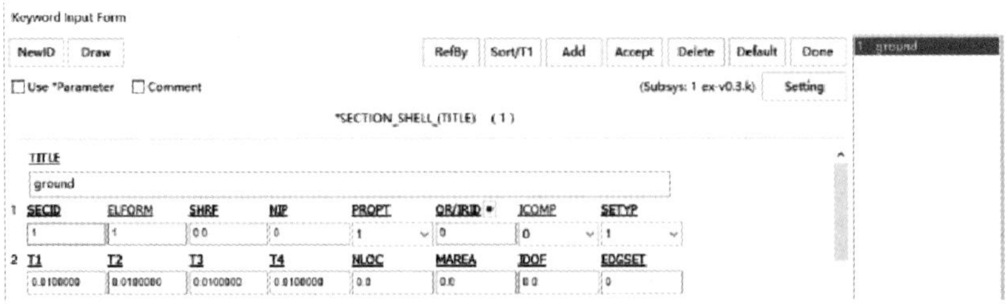

图 6.8　河道截面模型卡片

　　重复上述操作，在 SECTION 中选择 SOLID 截面卡片，定义桥墩的截面参数（图 6.9），截面卡片名为 column，截面序号为 2，输入相关的参数。同理，选择 SOLID 截面卡片，定义河水的截面参数（图 6.10），截面卡片名为 water，截面序号为 3，ELFORM 类型为"12-point integration with single material and void"；定义入口的截面参数（图 6.11），截面卡片名为 inlet，截面序号为 4，ELFORM 类型为"12-point integration with single material and void"。

图 6.9　桥墩截面模型卡片

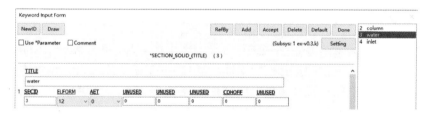

图 6.10　河水截面模型卡片

图 6.11　入口截面模型卡片

4. 定义 PART 信息

　　本例中 PART 的划分已经在网格划分时确定，该步操作主要是为 PART 赋予材料及截面。对本例中河道 PART 的参数定义，具体做法为：单击 Model→PART，单击 PART 卡片，弹出相应对话框，右侧选项单击 BED，在 PART 对话框中输入相关的参数，依次在每一栏中填写截面模型（SECID）、材料模型（MID）、状态方程（EOSID）等，如图 6.12 所示。在 PART 定义界面上，单击 SECID 右边的链接点，在对应的 Link 对话框中选择之前定义的 SECTION，再单击 Done，即完成截面的赋予，其余同理。填写完成后，单击 Accept，完成对河道截面、材料的定义。

图 6.12   河道 PART 卡片

重复上述操作，定义桥墩 1 的参数，单击右侧选项 column-1，截面模型为 2、材料模型为 2、状态方程为 0。同理，定义桥墩 2、空气、河水、入口的参数，分别单击右侧选项 column-2、Air、initial-water、water-source。

上述 PART 中 BED、column-1、column-2、Air、initial-water、water-source 分别对应河道、桥墩 1、桥墩 2、空气、河水、入口。

5. 定义曲线

1) 定义荷载曲线

对本例中重力加速度 G 曲线进行定义，具体做法为：单击 All→DEFINE，下拉选择 CURVE 卡片，弹出相应对话框，单击 Add，在加载曲线对话框中输入相关的参数，依次在第一行每一栏中填写曲线名(TITLE)、曲线序号(LCID)、横坐标值的比例系数(SFA)、纵坐标值的比例系数(SFO)，在第二行中填写曲线的关键节点，定义加载曲线的形状，输入参数如图 6.13 所示。填写完成后，单击 Accept，完成对重力加速度 G 曲线的定义。

图 6.13   重力加速度 G 曲线

2) 定义入口河水速度曲线

重复上面的操作，定义入口处河水速度变化曲线(图 6.14)，曲线卡片名为 v，曲线序号为 2，输入相关的参数。

图 6.14　河水速度 v 变化曲线

6. 施加荷载

施加重力荷载（图 6.15），具体做法为：单击 All→LOAD，下拉选择 BODY_Z 卡片，弹出相应对话框，单击 Add，依次在 LCID 中选中重力加速度 G 曲线，在 SF 中输入缩放系数。

图 6.15　荷载卡片

7. 定义耦合信息

1）创建 PART_LIST

创建河水与空气的 PART_LIST，具体做法为：单击 All→SET，下拉选择 PART_LIST 卡片，弹出相应对话框，单击 Add，在对话框中输入相关的参数，依次填写组名（TITLE）、组序号（SID），在第二行中单击 PID1 右边的链接点，在对应的 Link 对话框中选择之前定义的 Air，同理，PID2 选择 initial-water、PID3 选择 water-source，输入值如图 6.16 所示。选择完成后依次单击 Insert→Accept，完成对河水与空气的 PART_LIST 的定义。

重复上述操作，创建桥墩的 PART_LIST，PID 分别选择 2、3，对应 column-1、column-2。选择完成后单击 Insert→Accept，完成对桥墩的 PART_LIST 的定义。

上述 PART_LIST 中 water and air、columns 分别对应河水与空气、桥墩。

图 6.16　河水与空气 PART_LIST 卡片

2)定义耦合作用类型和耦合参数

以上耦合部位设置完成后，单击 All→CONSTRAINED，选择 LAGRANGE_IN_SOLID_EDGE 卡片，弹出相应对话框，单击 Add，在对话框中输入相关的参数，输入值如图 6.17 和图 6.18 所示。

上述耦合设置分别对应河道和河水、河水和桥墩的耦合作用定义。

8. 定义边界条件

1)创建 NODE_LIST，定义约束的节点

创建河道的约束节点组，具体做法为：单击 All→SET，下拉选择 NODE_LIST

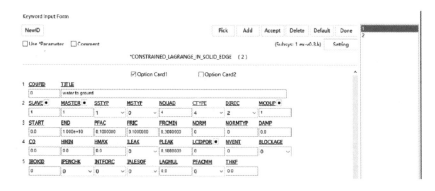

图 6.17　河道和河水耦合作用定义

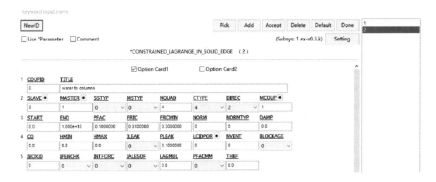

图 6.18　河水和桥墩耦合作用定义

卡片，弹出相应对话框，单击 Add，在对话框中填写好节点组名(TITLE)、节点组序号(NSID)，单击 Pick，通过对应的 Link 对话框，在模型中选择河道的节点。选择完成后，单击 Accept 关闭 Link 对话框，单击 NODE_LIST 卡片 Insert→Accept，完成河道节点组的创建。重复上面的操作，分别创建桥墩与河道的约束节点组、入口节点组。

2) 定义约束类型和参数

在以上约束部位设置完成后，定义河道的约束类型和参数，单击 All→BOUNDARY，选择 SPC_SET 卡片，弹出相应对话框，单击 Add，在对话框中定义约束相关自由度，输入值如图 6.19 所示；同理，定义桥墩的约束类型和参数，输入值如图 6.20 所示。

图 6.19　河道边界约束卡片

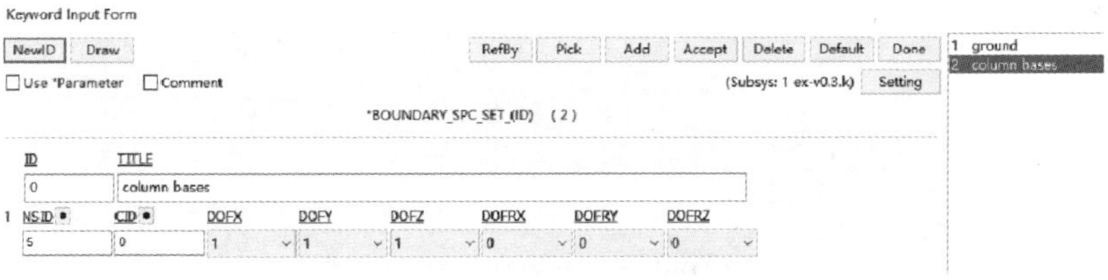

图 6.20　桥墩边界约束卡片

上述约束 1、2 分别对应河道、桥墩的边界约束条件。由于河道、桥墩均赋予 20 号 RIGID 材料，理论上仅需定义单点约束即可。

9. 定义河水入口

定义河水的运动速度 v=5m/s，具体操作为：在 BOUNDARY 中选择 PRESCRIBED_MOTION_SET 卡片，弹出相应对话框，单击 Add，在对话框中依次选择前述定义好的入口节点组（NSID）、自由度（DOF）、曲线（LCID），输入速度缩放系数(SF)为-5，输入值如图 6.21 所示。

图 6.21　河水流速卡片

10. 初始化

对本例中空气需初始定义为空。具体做法为：单击 All→INITIAL，下拉选择 VOID_PART，弹出相应对话框，单击 Add，在对话框中单击 PID 右侧的链接点，在对应的 Link 对话框中选择 Air，单击 Done 关闭该对话框。填写完成后，单击 Accept，完成对空气信息的定义。

11. 定义控制求解参数

对本例中的求解参数，具体做法为：单击 All→CONTROL，分别选择 TERMINATION、TIMESTEP 等卡片，分别定义求解时长、求解时间步长等控制参数，在卡片对话框中依次输入相关的参数，部分卡片输入值如图 6.22 和图 6.23 所示。

图 6.22　求解时长卡片

图 6.23　求解时间步长卡片

12. 设置输出文件类型和内容

河水与桥墩间的相互作用荷载是该数值计算重点关注的结果文件，相关输出文件设置具体做法为：单击 All→DATABASE→FSI 卡片，相关设置如图 6.24 所示。

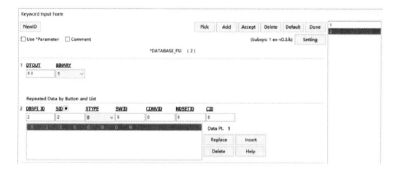

图 6.24　耦合作用输出设置

此外，关于其他结果文件的输出可在 ASCII_option 进行设置。

13. 递交 LS-DYNA 程序求解

上述卡片设置完成后，选择菜单项 File→Save→Save Keyword，保存 K 文件。使用 LS_RUN 软件提交求解，如图 6.25 所示。

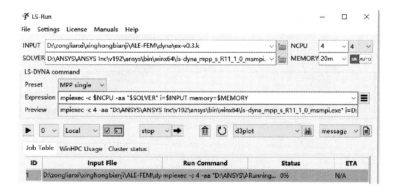

图 6.25　LS_RUN 运行界面

设置 LS_DYNA 求解器所在位置，调用求解器，设置 CPU 数量等，再将设置好的 K 文件添加到任务栏中，设置完成单击开始计算即可。在 Job Table 选项卡中，可观察计算时的具体信息，ETA 栏表示 LS_RUN 预估计算时间。勾选 Local 右侧选项，即可通过 Windows 命令窗口观察计算过程。计算完成后可直接查看 message 文件信息。

14. 后处理

计算结束后，程序按照要求输出用于 LS-PrePost 后处理的结果文件，按照如下步骤在 LS-PrePost 中进行后处理。

1）读入结果文件

通过 LS-PrePost 菜单项 File→Open→Binary Plot，在弹出的对话框中选择打开工作目录下的二进制结果文件 D3plot，将结果信息读入 LS-PrePost 后处理器，在绘图区域出现计算模型的俯视图。

2）观察河水流动过程

（1）单击 LS-PrePost 右下角菜单栏 SelPart，在弹出的 Assembly and Select Part 对话框中勾选 Fluid（ALE），即可显示采用 ALE 方法模拟的水流。

（2）修改模型颜色，选择右侧菜单栏中 PtColor 按钮，在弹出的 Part Color 对话框中，ColorBy 选择 PartID，选择所需要的颜色，再单击需要更换颜色的 PART，单击 Done 完成修改。

（3）通过动画播放控制台，可以观察河水流动的整个动态过程。播放条左侧进度条控制播放速度，选择动画控制台中 State 栏，可以选择观察计算过程中某一输出时间的实时画面，如图 6.26 所示。

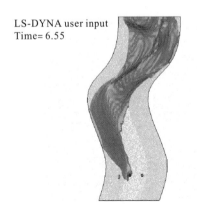
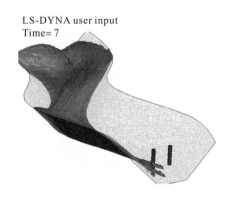

图 6.26　河水冲击桥墩

3) 提取耦合冲击力信息

单击程序右侧菜单栏 Post→ASCII,在弹出的 ASCII 对话框中单击 Dbfsi 按钮,接着单击左侧 Load 按钮,即可选择相应的耦合信息。河水与桥墩的耦合冲击力如图 6.27 所示。

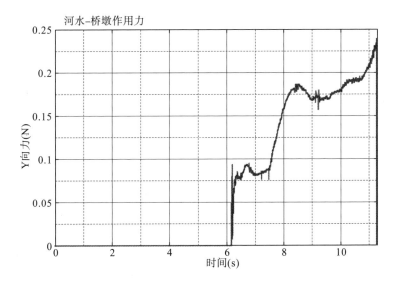

图 6.27　河水对桥墩的冲击力

部分关键字如下:

*TITLE

$#

$$

$ Writing Control Cards $

$$

*CONTROL_TERMINATION

$#	endtim	endcyc	dtmin	endeng	endmas	nosol
	30	0	0.0	0.0	0.0	0

*CONTROL_TIMESTEP

$#	dtinit	tssfac	isdo	tslimt	dt2ms	lctm	erode	ms1st
	0.0	0.9	0	0.0	0.0	0	0	0

$#	dt2msf	dt2mslc	imscl	unused	unused	rmscl
	0.0	0	0	0	0	0.0

$$

```
$                        Writing Databases                    $
$$$$$$$$$$$$$$$$$$$$$$$$$$$$$$$$$$$$$$$$$$$$$$$$$$$$$$$$$$$$$$$$$
*DATABASE_FSI
```

$#	dt						
	0.0						

$#	dbsfi	id	sid	stype	swid	convid	ndsetid	cid
	1	1	0	0	0	0	0	0

```
*DATABASE_FSI
```

$#	dt						
	0.0						

$#	dbsfi	id	sid	stype	swid	convid	ndsetid	cid
	2	3	0	0	0	0	0	0

```
*BOUNDARY_PRESCRIBED_MOTION_SET
```

$#	nsid	dof	vad	lcid	sf	vid	death	birth
	7	2	0	2	-5.0	0	1.00000E28	0.0

```
*BOUNDARY_SPC_SET
```

$#	nsid	cid	dofx	dofy	dofz	dofrx	dofry	dofrz
	1	0	1	1	1	1	1	1

```
$$$$$$$$$$$$$$$$$$$$$$$$$$$$$$$$$$$$$$$$$$$$$$$$$$$$$$$$$$$$$$$$$
$                        Writing Sets                         $
$$$$$$$$$$$$$$$$$$$$$$$$$$$$$$$$$$$$$$$$$$$$$$$$$$$$$$$$$$$$$$$$$
*SET_NODE_LIST_TITLE
Ground
```

$#	sid	da1	da2	da3	da4	solver	
	1	0.0	0.0	0.0	0.0	MECH	

$#	nid1	nid2	nid3	nid4	nid5	nid6	nid7	nid8
	52732	52939	80308	80497	64591	64487	91499	91598

```
column-base
```

$#	sid	da1	da2	da3	da4	solver	
	5	0.0	0.0	0.0	0.0	MECH	

$#	nid1	nid2	nid3	nid4	nid5	nid6	nid7	nid8
	94265	97241	0	0	0	0	0	0

```
*LOAD_BODY_Z
```

$#	lcid	sf	lciddr	xc	yc	zc	cid
	1	1.0	0	0.0	0.0	0.0	0

```
$$$$$$$$$$$$$$$$$$$$$$$$$$$$$$$$$$$$$$$$$$$$$$$$$$$$$$$$$$$$$
$                         Writing Parts                    $
$$$$$$$$$$$$$$$$$$$$$$$$$$$$$$$$$$$$$$$$$$$$$$$$$$$$$$$$$$$$$
*PART
$name
BED
```

$#	pid	secid	mid	eosid	hgid	grav	adpopt	tmid
	1	3	5	0	0	0	0	0

```
*SECTION_SHELL_TITLE
Ground
```

$#	secid	elform	shrf	nip	propt	qr/irid	icomp	setyp
	1	1	0.0	0	1.0	0	0	1
$#	t1	t2	t3	t4	nloc	marea	idof	edgset
	0.01	0.01	0.01	0.01	0.0	0.0	0.0	0

```
*MAT_RIGID_TITLE
Ground
```

$#	mid	ro	e	pr	n	couple	m	alias
	1	2000.0	3.00000E10	0.3	0.0	0.0	0.0	0.0
$#	cmo	con1	con2					
	0.0	0	0					
$#	a1	a2	a3	v1	v2	v3		
	0.0	0.0	0.0	0.0	0.0	0.0		

```
*PART
$name
column-1
```

$#	pid	secid	mid	eosid	hgid	grav	adpopt	tmid
	2	2	2	0	0	0	0	0

```
*SECTION_SOLID_TITLE
Column
```

$	id	elformu	aet
	2	1	0

```
*MAT_RIGID_TITLE
Column
```

$#	mid	ro	e	pr	n	couple	m	alias
	2	2000.0	3.00000E10	0.0	0.0	0.0	0.0	0.0
$#	cmo	con1	con2					

```
          0.0        0          0
$#         a1         a2         a3            v1         v2         v3
          0.0        0.0        0.0           0.0        0.0        0.0
   *PART
   column-2
$#        pid       secid        mid        eosid       hgid        grav      adpopt       tmid
           3          2          2            0          0          0          0          0
   *PART
   $name
   Air
$#        pid       secid        mid        eosid       hgid        grav      adpopt       tmid
           4          3          3            1          0          0          0          0
   *SECTION_SOLID_TITLE
   water
$         id       elformu       aet
           3          12          0
   *MAT_NULL_TITLE
   Water
$#        mid         Ro          pc           mu        terod       cerod        ym          pr
           3        1000.0      -10.0        8.684E-4     0.0        0.0         0.0         0.0
   *EOS_GRUNEISEN_TITLE
   Water
$#      eosid         c          s1           s2         s3        gamao         a          e0          v0
           1        1480.0      2.56         -1.986     0.2268     0.4934       0.47        0.0         0.0
   *PART
   initial water
$#        pid       secid        mid        eosid       hgid        grav      adpopt       tmid
           5          3          3            1          0          0          0          0
$$$$$$$$$$$$$$$$$$$$$$$$$$$$$$$$$$$$$$$$$$$$$$$$$$$$$$$$$$$$$$$$$$$$$
$                   Writing *DEFINE_option cards            $
$$$$$$$$$$$$$$$$$$$$$$$$$$$$$$$$$$$$$$$$$$$$$$$$$$$$$$$$$$$$$$$$$$$$$
   *DEFINE_CURVE_TITLE
   G
$#       lcid        sidr        sfa          sfo        offa        offo      dattyp       lcint
           1          0          1.0          1.0        0.0        0.0          0          0
```

$#		a1		o1			
		0.0		9.8			
		100.0		9.8			

*DEFINE_CURVE_TITLE

v=1

$#	lcid	sidr	sfa	sfo	offa	offo	dattyp	lcint
	2	0	1.0	1.0	0.0	0.0	0	0

$#		a1		o1			
		0.0		1.0			
		20.0		1.0			

*CONSTRAINED_LAGRANGE_IN_SOLID_EDGE_TITLE

$#	coupid	title					
	0	water to ground					

$#	slave	master	sstyp	mstyp	nquad	ctype	direc	mcoup
	1	1	1	0	4	4	2	1

$#	start	end	pfac	fric	frcmin	norm	normtyp	damp
	0.0	1.00000E10	0.1	0.1	0.3	0	0	0.0

$#	cq	hmin	hmax	ileak	pleak	lcidpor	nvent	blockage
	0.0	0.0	0.0	0	0.1	0	0	0

$#	iboxid	ipenchk	intforc	ialesof	lagmul	pfacmm	thkf	
	0	0	0	0	0.0	0	0.0	

*CONSTRAINED_LAGRANGE_IN_SOLID_EDGE_TITLE

$#	coupid	title					
	0	water to columns					

$#	slave	master	sstyp	mstyp	nquad	ctype	direc	mcoup
	2	1	0	0	4	4	2	1

$#	start	end	pfac	fric	frcmin	norm	normtyp	damp
	0.0	1.00000E10	0.1	0.01	0.3	0	0	0.0

$#	cq	hmin	hmax	ileak	pleak	lcidpor	nvent	blockage
	0.0	0.0	0.0	0	0.1	0	0	0

$#	iboxid	ipenchk	intforc	ialesof	lagmul	pfacmm	thkf	
	0	0	0	0	0.0	0	0.0	

6.3　基于 SPH-FEM 耦合的泥石流冲击房屋建筑数值模拟

泥石流是一种广泛分布于山区的突发性自然灾害，来势凶猛，可携带巨大块石，运动速度快，冲击力大，破坏性强。为此，基于数值模拟，研究泥石流的致灾作用、受灾结构行为及防护设计具有很强的现实意义。本节给出基于 SPH-FEM 耦合的泥石流冲击房屋建筑数值模拟的前处理、求解及后处理的整个过程。

6.3.1　模型选定及假设

假定某地有三层居民房屋，房屋结构类型选用三开间(3.3m)两进深(4.5m)的三层钢筋混凝土框架结构，层高 3.6m，其结构布置如图 6.28 所示。各构件尺寸如下：柱、梁截面尺寸均为 300mm×300mm；填充墙和楼板厚度均为 150mm；为简化模型，框架模型中纵筋、板配筋为 8C14，箍筋及楼板配筋为 C8@200，钢材均为 HRB400；窗户距墙底 0.9m，尺寸为 1.2m×1.4m，忽略门窗对泥石流冲击的拦挡作用，不进行建模。泥石流深度为 1.8m，分布范围为 20m×20m，块石假定为直径 1.2m 的刚性球体，位于泥石流前端，为了加快运算效率，认为泥石流浆体和块石一起以相同初速度沿冲击方向运动。几何模型如图 6.29 所示。

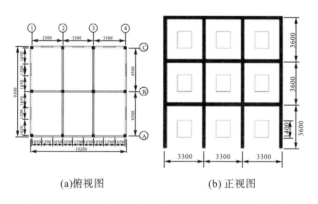

(a)俯视图　　　　　　(b)正视图

图 6.28　基于 SPH-FEM 耦合的泥石流冲击房屋结构布置图(单位：mm)

模型中，泥石流浆体采用 SPH 方法模拟，框架楼、坡面及块石采用 FEM 模拟。框架楼、坡面分别施加固定约束边界条件。混凝土与钢筋之间采用"*CONSTRAINED_ LAGRANGE_IN_SOLID"耦合算法实现两者的相互作用。整个建模过程采用 m-kg-s 单位制，请注意单位的协调一致。

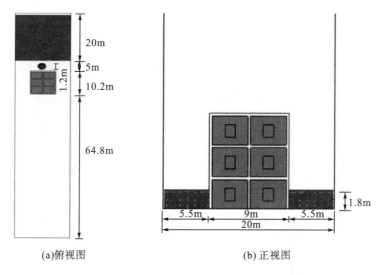

(a)俯视图   (b) 正视图

图 6.29   基于 SPH-FEM 耦合的泥石流冲击房屋三维几何模型

6.3.2   参数说明

混凝土、填充墙、块石采用 SOLID 单元，钢筋采用 BEAM 单元，坡面采用 SHELL 单元，泥石流浆体采用 SPH 粒子。坡面及块石均采用刚性材料进行描述，SPH 粒子采用 ELASTIC_PLASTIC_HYDRO 以及 LINEAR_POLYNOMIAL 状态方程进行描述。其他具体参数详见 K 文件。

6.3.3   建模及求解

在 LS-PrePost 的图形用户界面中，按照如下步骤进行以上问题的建模和求解（假定已完成网格模型的划分）。本例建立的结构-泥石流耦合模型可分为三大部分：建立框架结构模型、建立泥石流模型、构建耦合模型。

1. 导入网格模型

将网格模型导出为 K 文件，在 LS-PrePost 中打开，具体操作为：通过 LS-PrePost 菜单项 File→Open→Keyword File 选择打开工作目录下的网格模型，计算模型如图 6.30 所示。

2. 定义单元类型

混凝土、填充墙、块石采用 SOLID 单元，钢筋采用 BEAM 单元，坡面采用 SHELL 单元，泥石流浆体采用 SPH 粒子。

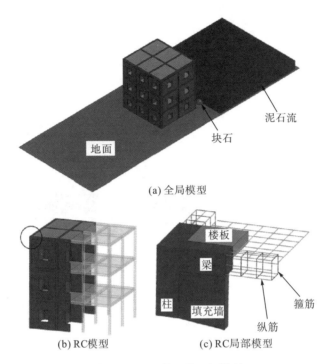

(a) 全局模型

(b) RC模型   (c) RC局部模型

图 6.30　导入的三维几何模型

3. 定义材料及截面模型

1) 定义材料模型

对本例中混凝土(梁、柱及楼板所用混凝土)的材料特性进行定义,具体做法为:选择右侧菜单项 Model→Keyword,弹出 Keyword Manager 对话框(其后的操作都基于该对话框进行,这里不再赘述),单击 All→MAT,下拉选择159-CSCM_CONCRETE 材料卡片,弹出相应对话框,单击 Add,在材料特性对话框中输入相关材料参数,依次在每一栏中填写材料名、材料序号、材料密度等。填写完成后,依次单击 Accept→Done,完成混凝土材料的定义。

重复上述操作,在 MAT 中选择 111-JOHNSON_HOLMQUIST_CONCRETE 材料卡片,定义墙的材料参数,材料卡片名为 wall,材料序号为 2,输入相关的参数。同理,选择 003-PLASTIC_KINEMATIC 材料卡片,定义钢筋的材料参数,材料卡片名为 HRB400,材料序号为 3,输入相关的参数;选择 020-RIGID 材料卡片,定义坡面的材料参数,材料卡片名为 pomian,材料序号为 4,输入相关的参数;选择 010-ELASTIC_PLASTIC_HYDRO 材料卡片,定义泥石流浆体的材料参数,材料卡片名为 SPH,材料序号为 5,输入相关的参数;选择 020-RIGID 材料卡片,定义块石的材料参数,材料卡片名为 stone,材料序号为 6,输入相关的参数。材料模型如图 6.31~图 6.36 所示。

图 6.31　混凝土材料模型卡片

图 6.32　墙材料模型卡片

图 6.33　钢筋材料模型卡片

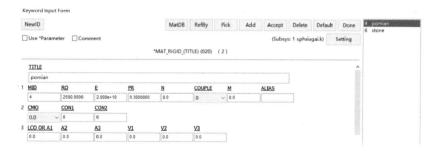

图 6.34　坡面材料模型卡片

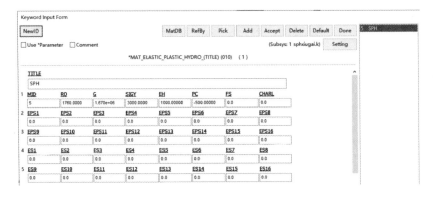

图 6.35　泥石流浆体材料模型卡片

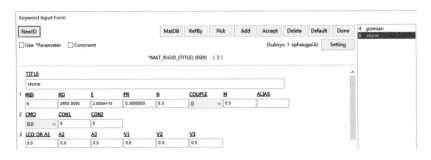

图 6.36　块石材料模型卡片

对本例中混凝土材料失效模型进行定义，具体做法为：在 MAT 中选择 000-ADD_EROSION 材料卡片，在该材料特性对话框中输入相关参数，材料卡片名为 concrete，失效材料为混凝土(单击 MID 右侧链接点，在对应的 Link 对话框中选择之前定义的混凝土材料，再单击 Done)，相关参数如图 6.37 所示。

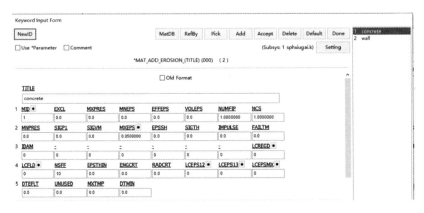

图 6.37　混凝土材料失效模型卡片

　　重复上面的操作，继续在该材料卡片对话框中定义墙的材料失效模型，材料卡片名为 wall，失效材料为墙，其余输入相关参数如图 6.38 所示。

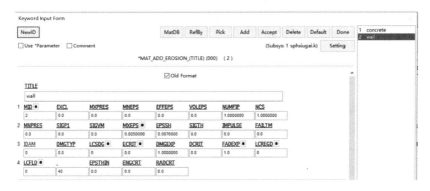

图 6.38　墙材料失效模型卡片

　　对本例中 SPH 粒子状态方程进行定义，具体做法为：单击 All→EOS，下拉选择 LINEAR_POLYNOMIAL 卡片，弹出相应对话框，单击 Add，在状态方程对话框中输入相关的参数，如图 6.39 所示。填写完成后，单击 Accept，完成对 SPH 粒子状态方程的定义。

图 6.39　状态方程卡片

2）定义截面模型

　　对本例中混凝土及墙的截面特性进行定义，具体做法为：继续在 Keyword Manager 对话框中，单击 All→SECTION，下拉选择 SOLID 截面卡片，弹出相应对话框，单击 Add，在截面特性对话框中输入相关的参数，依次在每一栏中填写截面名（TITLE）、截面序号（SECID）、单元类型（ELFORM）等，输入参数值如图 6.40 所示。填写完成后，依次单击 Accept→Done，关闭该对话框，完成混凝土及墙截面的定义。

图 6.40　混凝土及墙截面模型卡片

重复上面的操作，在 SECTION 中选择 BEAM 截面卡片，定义箍筋、纵筋的截面参数；选择 SHELL 截面卡片，定义坡面的截面参数；选择 SPH 截面卡片，定义泥石流浆体的截面参数；选择 SOILD 截面卡片，定义块石的截面参数。详细信息如图 6.41～图 6.45 所示。

图 6.41　箍筋截面模型卡片

图 6.42　纵筋截面模型卡片

图 6.43　坡面截面模型卡片

图 6.44　泥石流浆体截面模型卡片

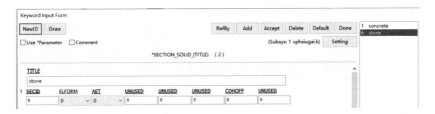

图 6.45　块石截面模型卡片

4. 定义 PART 信息

本例中 PART 的划分已经在网格划分时确定，该步操作主要是为 PART 赋予材料及截面。对本例中梁柱混凝土 PART 的参数定义，具体做法为：单击 Model→PART，弹出相应对话框，右侧选项单击 liangzhu，在 PART 对话框中输入相关的参数，依次在每一栏中填写截面模型(SECID)、材料模型(MID)、状态方程(EOSID)等，如图 6.46 所示。在 PART 定义界面上，单击 SECID 右边的链接点，在对应的 Link 对话框中选择之前定义的 SECTION，再单击 Done，即完成截面的赋予，其余同理。填写完成后，单击 Accept，完成对梁柱混凝土截面、材料的定义。

图 6.46　梁柱混凝土 PART 卡片

重复上述操作，定义楼板的参数，单击右侧选项 louban，截面模型为 1、材料模型为 1。同理，定义墙、箍筋、纵筋、坡面、泥石流浆体及块石等参数。

5. 定义荷载曲线

对本例中重力加速度 G 曲线的定义，具体做法为：单击 All→DEFINE，下拉选择 CURVE 卡片，弹出相应对话框，单击 Add，在加载曲线对话框中输入相关的参数，依次在第一行每一栏中填写曲线名(TITLE)、曲线序号(LCID)、横坐标值的比例系数(SFA)、纵坐标值的比例系数(SFO)，在第二行中填写曲线的关键节点，定义加载曲线的关键点，输入参数如图 6.47 所示。填写完成后，单击 Accept，完成对重力加速度 G 曲线的定义。

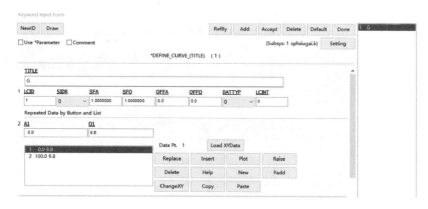

图 6.47   重力加速度 G 曲线

6. 施加重力荷载

施加重力荷载，具体做法为：单击 All→LOAD，下拉选择 BODY_Z 卡片，弹出相应对话框，单击 Add，依次在 LCID 中选中重力加速度 G 曲线，在 SF 中输入缩放系数，如图 6.48 所示。

图 6.48   荷载卡片

7. 定义接触与耦合信息

1)创建 PART_LIST

创建混凝土的 PART_LIST，具体做法为：单击 All→SET，下拉选择 PART_LIST 卡片，弹出相关对话框，单击 Add，在对话框中输入相关的参数，依次填写组名(TITLE)、组序号(SID)，在第二行添加 PART 号，输入值如图 6.49 所示。选择完成后单击 Insert→Accept，完成对混凝土的 PART_LIST 的定义。

图 6.49 混凝土 PART_LIST 卡片

重复上述操作，创建钢筋的 PART_LIST、坡面与墙的 PART_LIST、楼板与坡面的 PART_LIST 等。

2）定义接触作用类型和接触参数

以上接触与耦合部位设置完成后，定义钢筋和混凝土、钢筋与块石的接触作用，单击 All→CONTACT，选择 AUTOMATIC_BEAMS_TO_SURFACE 卡片，弹出相应对话框，单击 Add，在对话框中输入相关的参数，如图 6.50 和图 6.51 所示。

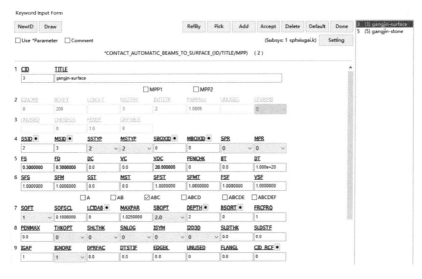

图 6.50 钢筋和混凝土接触作用定义

图 6.51　钢筋和块石接触作用定义

　　重复上述操作，在 CONTACT 中选择 AUTOMATIC_NODES_TO_SURFACE 接触卡片，分别定义泥石流浆体与楼板及坡面、梁柱、块石、墙体等的接触以及梁柱等框架结构的自接触，如图 6.52～图 6.55 所示。

图 6.52　泥石流浆体与楼板及坡面接触作用定义

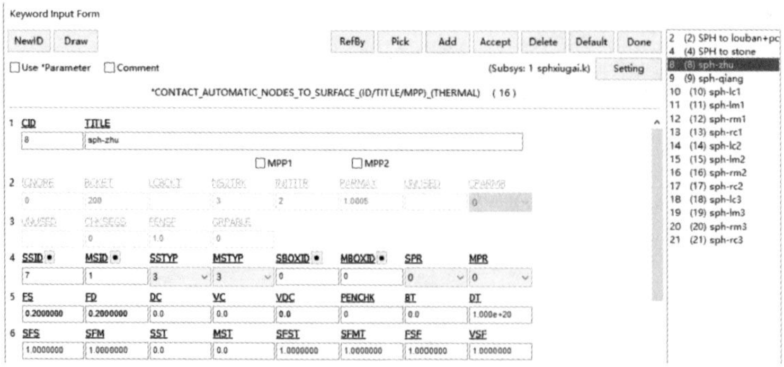

图 6.53　泥石流浆体与梁柱混凝土接触作用定义

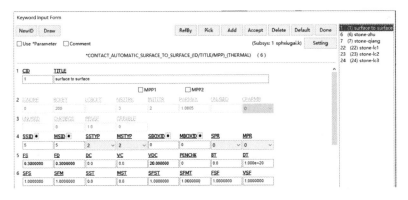

图 6.54　框架结构自接触作用定义

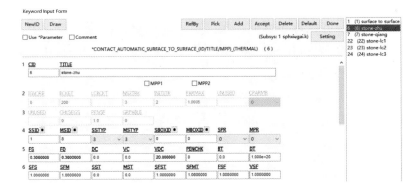

图 6.55　块石与梁柱混凝土接触作用定义

3) 定义耦合作用类型和耦合参数

定义钢筋与混凝土的耦合作用，具体做法为：单击 All→CONSTRAINED，选择 LAGRANGE_IN_SOLID 卡片，弹出相应对话框，单击 Add，在对话框中输入相关的参数，如图 6.56 所示。

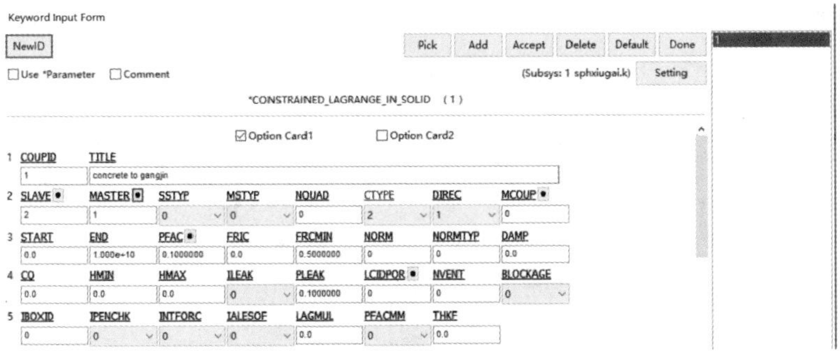

图 6.56　钢筋与混凝土耦合作用定义

8. 定义边界条件

1）创建 NODE_LIST，定义约束的节点

创建坡面的约束节点组，具体做法为：单击 All→SET，下拉选择 NODE_LIST 卡片，弹出相应对话框，单击 Add，在对话框中填写好节点组名（TITLE）、节点组序号（SID），单击 Pick，通过对应的 Link 对话框，在模型中选择坡面的节点。选择完成后，单击 Accept 关闭 Link 对话框，单击 NODE_LIST 卡片 Insert→Accept，完成坡面节点组的创建。重复上面的操作，分别创建柱底约束节点组、纵筋约束节点组与墙约束节点组。

2）定义约束类型和参数

在以上约束部位设置完成后，定义坡面的约束类型和参数，单击 All→BOUNDARY，选择 SPC_SET 卡片，弹出相应对话框，单击 Add，在对话框中定义约束相关自由度，如图 6.57～图 6.60 所示。

图 6.57　坡面边界约束卡片

图 6.58　柱底边界约束卡片

图 6.59　纵筋边界约束卡片

图 6.60 墙边界约束卡片

9. 定义泥石流浆体存在空间

定义泥石流浆体存在空间，具体操作为：在 BOUNDARY 中选择 SPH_SYMMETRY_PLANE 卡片，弹出相应对话框，单击 Add，在对话框中输入相应参数，如图 6.61 所示。

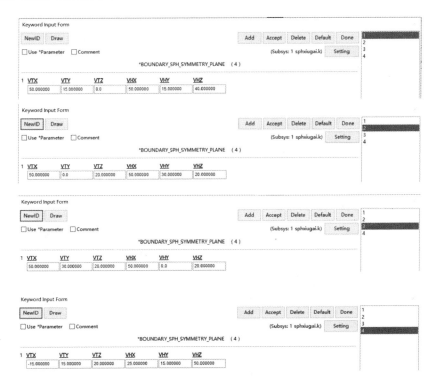

图 6.61 泥石流浆体存在空间卡片

10. 初始化

定义本例中泥石流浆体的运动速度，具体做法为：单击 All→INITIAL，下拉选择 VELOCITY_GENERATION 卡片，弹出相应对话框，单击 Add，在对话框中选择 STYP 类型为"part ID，see *PART"，类型号为 2，接着单击 ID 右侧的链

接点，在对应的 Link 对话框中选择 SphNode，单击 Done 关闭该对话框，在坐标
轴速度栏中输入相应的初速度值。填写完成后，单击 Accept，完成对泥石流浆体
运动速度的定义。输入参数如图 6.62 所示。

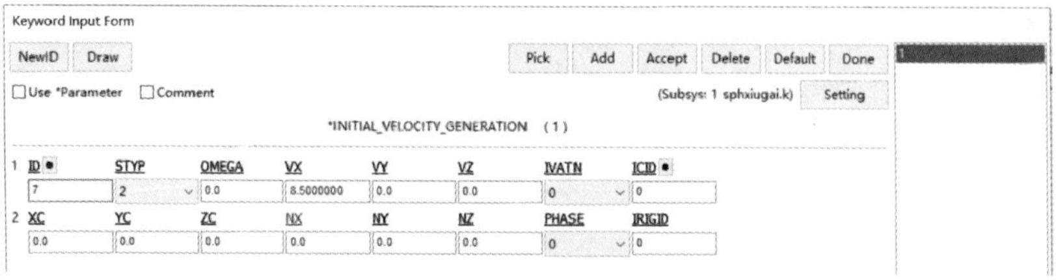

图 6.62　泥石流浆体运动速度卡片

重复上述操作，定义块石的运动速度，在 INITIAL 中选择 VELOCITY_RIGID_
BODY 卡片，选择相应的 PID，在坐标轴速度栏中输入相应的初速度值，如图 6.63
所示。

图 6.63　块石运动速度卡片

11. 定义控制求解参数

对本例中的求解参数进行定义，具体做法为：单击 All→CONTROL，分别选
择 CONTACT、HOURGLASS、SPH、TERMINATION、TIMESTEP 等卡片，分
别定义接触、沙漏、SPH 粒子、求解时长、求解时间步长等控制参数，在卡片对
话框中依次输入相关的参数。泥石流浆体 SPH 粒子的控制参数是重点控制设置，
输入值如图 6.64 所示。

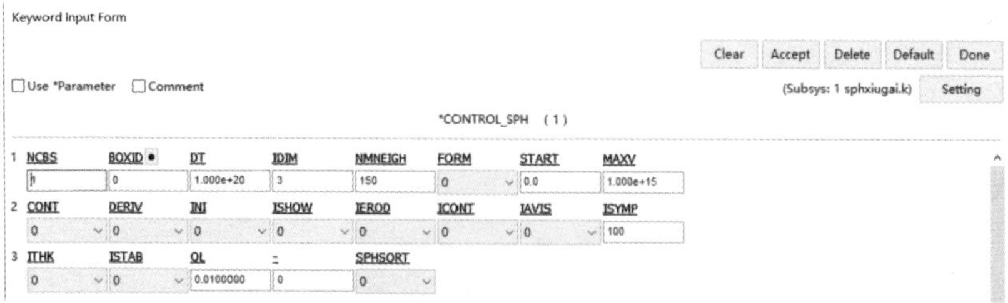

图 6.64　SPH 粒子控制参数卡片

12. 设置输出文件类型和内容

主要结果文件的输出在 All→DATABASE→ASCII_option、BINARY_D3PLOT、EXTENT_BINARY 等卡片进行相关设置。

13. 递交 LS-DYNA 程序求解

上述卡片设置完成后，选择菜单项 File→Save→Save Keyword，保存 K 文件。使用 LS_RUN 软件提交求解，运行界面如图 6.65 所示。

设置 LS_DYNA 求解器所在位置，调用求解器，设置 CPU 数量等，再将设置好的 K 文件添加到任务栏中，设置完成单击开始计算即可。在 Job Table 选项卡中，可观察计算时的具体信息，ETA 栏表示 LS_RUN 预估计算时间。勾选 Local 右侧选项，即可通过 Windows 命令窗口观察计算过程。计算完成后可直接查看 message 文件信息。

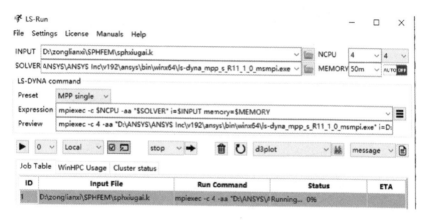

图 6.65　LS_RUN 运行界面

14. 后处理

计算结束后，程序按照要求输出用于 LS-PrePost 后处理的结果文件，按照如下步骤在 LS-PrePost 中进行后处理。

1) 读入结果文件

通过 LS-PrePost 菜单项 File→Open→Binary Plot，在弹出的对话框中选择打开工作目录下的二进制结果文件 D3plot，将结果信息读入 LS-PrePost 后处理器，在绘图区域出现计算模型的俯视图。

2) 观察泥石流冲击房屋建筑过程

（1）修改模型颜色，选择右侧菜单栏中 PtColor 按钮，在弹出的 Part Color 对话框中，ColorBy 选择 PartID，选择所需要的颜色，再单击需要更换颜色的 PART，单击 Done 完成修改。

（2）通过动画播放控制台，可以观察泥石流运动的整个动态过程。播放条左侧进度条控制播放速度，选择动画控制台中 State 栏，可以选择观察计算过程中某一输出时间的实时画面，如图 6.66 所示。

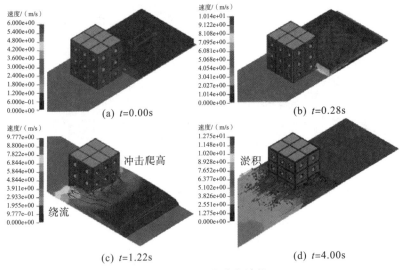

图 6.66   泥石流冲击过程

3）提取泥石流浆体与大块石冲击力信息

单击程序右侧菜单栏 Post→ASCII 按钮，在弹出的 ASCII 对话框中单击 Rcforc 按钮，接着单击左侧 Load 按钮，即可选择相应的冲击力信息。泥石流浆体与块石冲击力如图 6.67 所示。

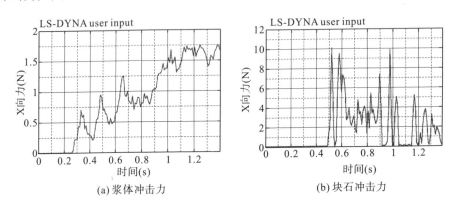

图 6.67   冲击力时程曲线

部分关键字如下：

*KEYWORD

*TITLE

$#

$$

$　　　　　　　　　　　　Writing Control Cards　　　　　　　　　　　$

$$

*CONTROL_CONTACT

$#	slsfac	rwpnal	islchk	shlthk	penopt	thkchg	orien	enmass
	0.3	0.0	1	0	1	0	1	0
$#	usrstr	usrfrc	nsbcs	interm	xpene	ssthk	ecdt	tiedprj
	0	0	0	0	4.0	0	0	0
$#	sfric	dfric	edc	vfc	th	th_sf	pen_sf	
	0.0	0.0	0.0	0.0	0.0	0.0	0.0	
$#	ignore	frceng	skiprwg	outseg	spotstp	spotdel	spothin	
	0	0	0	0	0	0	0.0	
$#	isym	nserod	rwgaps	rwgdth	rwksf	icov	swradf	ithoff
	0	0	1	0.0	1.0	0	0.0	0
$#	shledg	pstiff	ithcnt	tdcnof	ftall	unused	shltrw	
	0	0	0	0	0	0	0.0	

*CONTROL_HOURGLASS

$#	ihq	qh
	4	0.05

*CONTROL_SPH

$#	ncbs	boxid	dt	idim	nmneigh	form	start	maxv
	1	0	1.0E20	3	150	0	0.0	1.00E15
$#	cont	deriv	ini	ishow	ierod	icont	iavis	isymp
	0	0	0	0	0	0	0	100
$#	ithk							
	0							

*CONTROL_TERMINATION

$#	endtim	endcyc	dtmin	endeng	endmas	nosol
	4.0	0	0.0	0.0	1.0E8	0

*CONTROL_TIMESTEP

$#	dtinit	tssfac	isdo	tslimt	dt2ms	lctm	erode	ms1st
	0.0	0.9	0	0.0	-5.0E-5	0	0	0

$#	dt2msf	dt2mslc	imscl	unused	unused	rmscl
	0.0	0	0	0	0	0.0

$$
$ Writing *DEFINE_option cards $
$$
*DEFINE_CURVE_TITLE
G

$#	lcid	sidr	sfa	sfo	offa	offo	dattyp	lcint
	1	0	1.0	1.0	0.0	0.0	0	0

$#	a1	o1
	0.0	9.8
	100.0	9.8

$$
$ Writing Materials $
$$
*MAT_ADD_EROSION_TITLE
concrete

$#	mid	excl	mxpres	mneps	effeps	voleps	numfip	ncs
	1	0.0	0.0	0.0	0.0	0.0	1.0	1.0

$#	mnpres	sigp1	sigvm	mxeps	epssh	sigth	impulse	failtm
	0.0	0.0	0.0	0.05	0.0	0.0	0.0	0.0

$#	idam	-	-	-	-	-	-	lcregd
	0	0	0	0	0	0	0	0

$#	lcfld	nsff	epsthin	engcrt	radcrt	lceps12	lceps13	lcepsmx
	0	10	0.0	0.0	0.0	0	0	0

$#	dteflt	unused	mxtmp	dtmin
	0.0	0.0	0.0	0.0

*MAT_ADD_EROSION_TITLE
wall

$#	mid	excl	mxpres	mneps	effeps	voleps	numfip	ncs
	2	0.0	0.0	0.0	0.0	0.0	1.0	1.0

$#	mnpres	sigp1	sigvm	mxeps	epssh	sigth	impulse	failtm
	0.0	0.0	0.0	0.005	0.0076	0.0	0.0	0.0

$#	idam	-	-	-	-	-	-	lcregd
	0	0	0	0	1	0	1	0

$#	lcfld	nsff	epsthin	engcrt	radcrt	lceps12	lceps13	lcepsmx

	0	40	0.0	0.0	0.0	0	0	0
$#	dteflt	unused	mxtmp	dtmin				
	0.0	0	0	0.0				

*MAT_ELASTIC_PLASTIC_HYDRO_TITLE

SPH

$#	mid	ro	g	sigy	eh	pc	fs	charl
	5	1760.0	1670000	3000.0	1000.0	-500.0	0.0	0.0
$#	eps1	eps2	eps3	eps4	eps5	eps6	eps7	eps8
	0.0	0.0	0.0	0.0	0.0	0.0	0.0	0.0
$#	eps9	eps10	eps11	eps12	eps13	eps14	eps15	eps16
	0.0	0.0	0.0	0.0	0.0	0.0	0.0	0.0
$#	es1	es2	es3	es4	es5	es6	es7	es8
	0.0	0.0	0.0	0.0	0.0	0.0	0.0	0.0
$#	es9	es10	es11	es12	es13	es14	es15	es16
	0.0	0.0	0.0	0.0	0.0	0.0	0.0	0.0

$$
$　　　　　　　　　Writing Parts　　　　　　　$
$$

liangzhu

| $# | pid | secid | mid | eosid | hgid | grav | adpopt | tmid |
| | 1 | 1 | 1 | 0 | 0 | 0 | 0 | 0 |

louban

| $# | pid | secid | mid | eosid | hgid | grav | adpopt | tmid |
| | 2 | 1 | 1 | 0 | 0 | 0 | 0 | 0 |

qiang

| $# | pid | secid | mid | eosid | hgid | grav | adpopt | tmid |
| | 3 | 1 | 2 | 0 | 0 | 0 | 0 | 0 |

gujin

| $# | pid | secid | mid | eosid | hgid | grav | adpopt | tmid |
| | 4 | 2 | 3 | 0 | 0 | 0 | 0 | 0 |

zongjin

| $# | pid | secid | mid | eosid | hgid | grav | adpopt | tmid |
| | 5 | 3 | 3 | 0 | 0 | 0 | 0 | 0 |

poumian

| $# | pid | secid | mid | eosid | hgid | grav | adpopt | tmid |
| | 6 | 4 | 4 | 0 | 0 | 0 | 0 | 0 |

SphNode

$#	pid	secid	mid	eosid	hgid	grav	adpopt	tmid
	7	5	6	1	0	0	0	0

Stone

$#	pid	secid	mid	eosid	hgid	grav	adpopt	tmid
	8	6	7	0	0	0	0	0

*LOAD_BODY_Z

$#	lcid	sf	lciddr	xc	yc	zc	cid
	1	1.0	0	0.0	0.0	0.0	0

*EOS_LINEAR_POLYNOMIAL

$#	eosid	c0	c1	c2	c3	c4	c5	c6
	1	0.0	5.0E10	0.0	0.0	0.0	0.0	0.0

$#	e0	v0
	0.0	0.0

*INITIAL_VELOCITY_GENERATION

$#	nsid/pid	styp	omega	vx	vy	vz	ivatn	icid
	7	2	0.0	8.0	0.0	0.0	0	0

$#	xc	yc	zc	nx	ny	nz	phase	irigid
	0.0	0.0	0.0	0.0	0.0	0.0	0	0

*INITIAL_VELOCITY_RIGID_BODY

$#	pid	vx	vy	vz	vxr	vyr	vzr	icid
	8	8.0	0.0	0.0	0.0	0.0	0.0	0